黄河志编纂
理论与实践

袁仲翔　著

河南人民出版社

图书在版编目（ＣＩＰ）数据

黄河志编纂理论与实践 ／ 袁仲翔著 － 郑州：河
南人民出版社，2022．4
ISBN 978 - 7 - 215 - 12984 - 9

Ⅰ．①黄… Ⅱ．①袁… Ⅲ．①黄河 - 水利史 - 编辑工
作 - 研究 Ⅳ．①TV882.1 ②K290

中国版本图书馆 CIP 数据核字（2022）第 047264 号

河南人民出版社 出版发行

（地址：郑州市郑东新区祥盛街 27 号 邮政编码：450016 电话：65788025）
新华书店经销　　　　　　河南新华印刷集团有限公司印刷
开本　880 毫米 × 1230 毫米　　　1 / 16　　　印张　16.5
字数　230 千字
2022 年 4 月第 1 版　　　　　　2022 年 4 月第 1 次印刷

定价：86.00 元

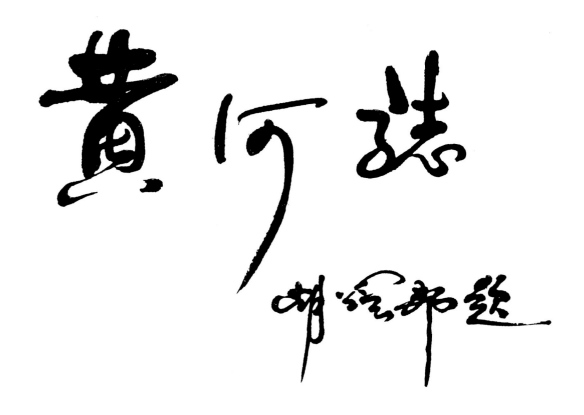

中共中央原总书记胡耀邦同志 1986 年 7 月 18 日为《黄河志》题写书名

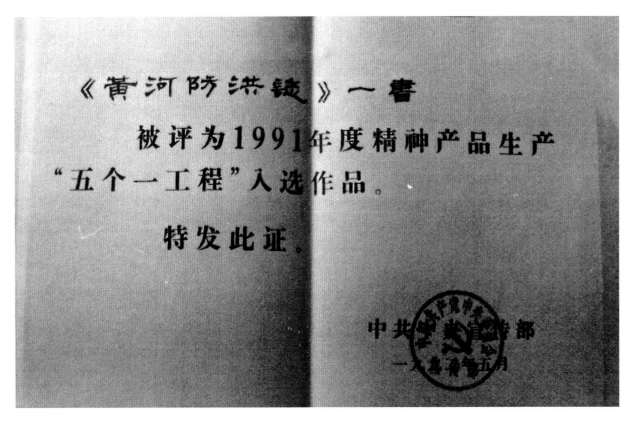

《黄河防洪志》获中央宣传部"五个一工程"奖

国务院原副总理田纪云（后任全国人大常委会副委员长）在郑州接见黄河志编纂及出版人员（1992年5月6日）

1983年7月5日，在郑州召开黄河志编委会第一次（扩大）会议

《黄河规划志》《黄河防洪志》《黄河大事记》出版新闻发布会于1992年1月7日在河南省人民会堂举行

《黄河水利水电工程志》《黄河河政志》《黄河水文志》首发式于1996年10月22日在河南省人民会堂举行

1992年1月7日，作者（左一）与河南人民出版社编审张素秋（左二）、黄河志总编室原主任徐福龄（左三）、黄河志总编室原副主任王质彬（左四）在黄河志出版新闻发布会上合影

黄河志编委会第三次扩大会议 1988 年 11 月在陕西西安市举行

1992 年 3 月，作者（左一）与黄委会原主任暨黄河志编委主任袁隆参加广州珠江志会议在宾馆留影

1989 年 9 月 7 日，作者（右一）与山东黄河河务局原副局长张学信（左一）、黄委会原副主任暨黄河志编委会副主任杨庆安（左二）、水利部原副部长暨中国江河水利志研究会理事长黄友若夫妇（左三、四）、海委原副主任董一林（右二）在参加全国江河水利志银川会议后在黄河著名景点一百零八塔合影

2013 年 3 月 18 日，纪念黄河志总编室成立三十周年在王化云老主任塑像前合影

1990 年 6 月，在河南三门
峡市举行《黄河防洪志》评审会

1986 年 10 月 21 日，作者
在全国江河水利志编写工作研
讨会上发言

《黄河志》部分分卷

本书作者袁仲翔近影

黄河修志　鉴古惠今

——首届大型《黄河志》编纂工程亲历记

（代序）

袁仲翔

　　黄河是中华民族的母亲河，中国的第二大巨川，并以其含沙量大、复杂难治著称于世。中国历史上虽然非常重视治理黄河，治河典籍也很多，却没有一部对悠悠四千多年中华民族的治黄史进行全面系统记述、概括和总结的志书。这是一个历史的空白。许多专家学者和关心治黄的人士热切盼望能有一部全面系统高质量的黄河志问世，填补这项空白，但由于历史原因和种种条件限制，未能如愿，被认为是一大憾事。有的同志甚至说：何时能有一套典雅、厚重的黄河志书与古老而伟大的黄河匹配，是我们的梦想！

　　时间来到了 20 世纪 80 年代初期，改革开放和国家"四化"建设迅速发展，编纂新的地方志活动在全国蓬勃兴起，出现了新中国成立以来前所未有的"盛世修志"的动人景象。黄河修志事业也迎来了千载难逢的有利契机。

　　1981 年 11 月，河南省在全国率先较早地建立了地方志编委会，制定了修志计划，在《河南省志》中设有《黄河志》专卷，要求黄委会及所属河南黄河河务局编写。我的老领导王化云同志被推选为河南省地方志编委会副主任。与黄河打了几十年交道的王化云同志深知编写黄河志统合古今,将治黄的历史和现状用志书的形式记录下来,是一项"造福当代,惠及后世"的大事,因而对编志工作极为重视。他在参加河南省地方志编委会成立会议后仅仅三天,就在百忙中,亲自召集黄委会及河南河务局的有关同志开会,研究开展河南黄河志的编纂问题,包括抽调编写人员、成立编志组织等。同时指定黄委会副主任杨庆安同志负责此项工作。

在全国修志工作蓬勃开展的情况下,1982 年 6 月,国家水电部又在武汉召开了座谈会,提出并安排了包括黄河志在内的江河水利志编写任务。武汉会议精神向黄委会领导汇报后,王化云等黄委会领导极为重视。在王化云主任的关怀和支持下,1983 年 3 月 18 日黄河志总编辑室成立,主任徐福龄,副主任袁仲翔、王质彬。当时我 49 岁,正值年富力强,但是我缺乏修志经验,深知为黄河修志立传责任重大,参加黄河志编纂工作领导班子,使命光荣,机遇难得,决心在有生之年,在黄委会的领导和支持下,把编修黄河志这项工作做好。

黄河修志立传,中外瞩目

总编室成立后,1983 年 3 月 31 日,召开了第一次会议,当时因年事已高改任黄委会顾问的王化云同志亲临会议,作了许多重要指示。他要求编志人员广泛地搜集资料,深入黄河各部门和沿河各地进行调查研究,要学习司马迁、司马光、徐霞客等历史名人,像他们那样尊重历史、注重实践、实事求是,编出来的志书要做到翔实、生动。他特别强调要抓紧收集活资料,趁不少参加过治黄重大事件的老同志还健在,把人民治黄几十年来的重要史料详细地记载下来。

在王化云同志的重视和倡议下,黄委会党委(后改为党组)又专门召开会议,研究黄河志编纂问题。王化云同志亲自参加了会议。会议决定组成黄河志编委会,近期召开编委会第一次会议,讨论编志的指导思想、步骤方法和编纂大纲等问题。当前以河南黄河志为重点,为大型江河志《黄河志》的编纂先做一些资料准备和组织工作;为指导编志工作开展,同意总编室出一个刊物,定名为《黄河史志资料》(季刊);编志人员未到位的抓紧抽调。最后王化云同志还意味深长地说:"黄河志这个事非常重大,不是个人著书立说。黄河志书是黄委会的官方文件,党委应有很好的认识和理解,要当作一件大事来抓。"

黄河志第一次编委扩大会议后,黄委会党组就把建立编志机构作为重点来抓。在各单位领导的重视和关怀下,建立了各级编志机构。如山东黄河河务局,从局到修防处、段三级有 40 个编志单位,建立了编志机构,选配干部 210 人,建立起较为精干和稳定的专职修志班子。

河南黄河河务局、勘测规划设计院、中游治理局、水文局、三门峡水利枢纽管理局、水利科学研究院、黄河水利学校等单位,分别建立了编纂领导小组或编委会,并下设编辑室、组。各单位配备编志人员,一般都选择了熟悉黄河情况、知识比较渊博、实践经验比较丰富,有较高思想、业务水平和较强写作能力的专家或干部参加这项工作。各编志部门所建立的编委会,一般均由这些单位的现职行政领导挂帅。委领导还研究决定,以后历任黄委会主任也同时担任黄河志编委会主任,黄委会主任如有更迭,黄河志编委会主任也随之易人。这样,黄委会修志就形成了"行政首长主办,各方密切配合"的格局。据统计,黄委会从事编志工作的专门人员最多时达 430 人,在黄河系统形成了自上而下的网状编志结构,有力地保证了编志工作的顺利进行。

为加强对黄河志的咨询、学术研究及审稿等方面的工作,保证志书质量,黄河志编委会聘请了张含英、郑肇经、董一博、邵文杰、刘德润、姚汉源、谢鉴衡、蒋德麒、麦乔威、陈桥驿、邹逸麟、周魁一、黎沛虹、常剑峤、王文楷等 15 名国内外著名专家为学术顾问。

1985 年 1 月,时任黄河志总编辑室首任主任的徐福龄同志离职休养(当时他已 71 岁),由我接任总编辑室主任一职。徐福龄同志德高望重,是著名治河专家,人们称他为"黄河通"。他从 24 岁就投身黄河,在黄河上风雨兼程六七十年,经历了两次黄河大改道,既亲自度过三年两决口的治河时代,也见证了人们治理黄河数十年的非凡历程。在《黄河志》编纂初创阶段,他在确定志书框架、体例,篇目设置、制定大纲等方面下了许多功夫。他离休后仍继续返聘在黄河志总编室从事审稿等工作,为黄河志工作做出了很大贡献。他 2015 年 3 月病逝,终年 103 岁。

《河南黄河志》从 1983 年布置任务进行编纂算起,到总纂成书经历了两年零四个月的时间。它是当代试图按马列主义观点和社会主义新志的要求,编纂出的第一部省区黄河专志。该书共 65 万字,曾荣获河南省地方史志优秀成果一等奖。由于该书在全国江河志中成书最早,也是当时少见的精品志书,中国地方志指导小组组长曾三同志,曾在全国地方志第一次工作会议上点名表扬。

《黄河志》编纂工作开始不久,新华社记者专程来黄委会采访,于 1983 年 8 月 30 日向海内外发出了"中国正在编写大型黄河志"的新闻稿,因而黄河志编纂受到国内外广泛瞩目。《河南黄河志》内部出版后,黄河志编委会名誉主任王化云赠寄时任中共中央总书记胡耀邦,并告知大型江河志《黄河志》正在编纂中,胡耀邦阅后于 1986 年 7 月 18 日欣然为《黄河志》题写了书名。之后,中共中央政治局委员胡乔木为《黄河志》题词:"黄河志是黄河流域各族人民征服自然的艰苦奋斗史。"另外,著名水利专家张含英、汪胡桢、郑肇经、严恺、张瑞瑾,当代著名文学家曹靖华,著名作家李准,著名方志学家朱士嘉、傅振伦,中共中央委员、河南省委书记杨析综等,在收阅《河南黄河志》后,都热情洋溢地为《黄河志》题词祝贺。

继《河南黄河志》之后,《山东黄河志》于 1988 年编纂完成并内部出版(80 万字)。在这两部专志的基础上,黄河志总编室和山东黄河河务局黄河志编纂办公室分别按两省省志的要求,又提炼编写完成了《河南省志·黄河志》及《山东省志·黄河志》。这两部志书在 1993 年 9 月中国地方志指导小组举办的全国志书评奖中,均荣获全国新编地方志优秀成果一等奖。两部省志的编纂,为大型江河志《黄河志》的编纂积累了资料,锻炼了队伍,提供了编写经验。

《黄河志》编纂出版是一项系统工程

志书的总体设计和框架结构,对于提高志书质量至关重要。黄河志总编室曾多次邀请有关专家研究讨论,《黄河志》篇目,前后经过 7 次大的修订,在编纂过程中,又经过多次更改,每次修改,都反映了编纂者认识的深化和全志整体性的加强。篇目的更改,进一步理顺了横向联系和统属关系,提高了志书结构的科学性。

《黄河志》篇目确定后,广大编志人员进行了大规模的资料搜集工作。有的跑遍了各个省区收集资料,有的长期埋头在图书馆、档案馆、资料室内摘抄资料。水土保持志的编志人员还创造了"委托书"的资料搜集法。即出去搜集资料时,带上印好的"委托书",与有关单位面谈,落实需要提供的内容和时间,明确了要求,后来大多数单位均按"委托书"的要求提供了资料。他们还查阅水土保持档案资料共 3228 卷(册),约 16800 万字,共摘抄、复印 1215 份。他们还到各地专程拜访了解情况的老领导、老专家,对已去世的老专家,则访问了他们的家属和子女,如著名水保专家任承统、傅焕光的子女,他们热情地将父亲在世时保存的水土保持资料和手稿,全部无私地奉献出来,共 97 册,约 214 万字。其中有的资料解决了史实考证中的疑难问题。《黄河防洪志》等编志人员,不仅查阅了黄委会自存大量古今文献资料,而且充分利用了在北京故宫复制的有关黄河的清宫档案 23000 多件以及流域内外各兄弟单位提供的资料,并对这些资料进行了去伪存真、去粗取精的筛选和加工。在编写过程中,编志人员还多次走访重大治黄事件的当事人,并进行多次野外实地调查和函调,掌握了大量第一手资料,从而在自然和社会、历史和现状、深度与广度上突出了《黄河志》的资料性。对广采博取的大量资料,编纂中付出大量人力,详加考订核实,力求准确完整、翔实可靠。有时即使一句话、一个数据、一个标点也不放过。有些远在西北各省兄弟单位提供的资料,往往因一个数据产生疑问,都用发函或电话、电报等通信手段认真进行审核,直到定稿为止。

鉴于《黄河志》编纂出版工程浩大,需时较长,而治黄和国家建设又迫切需要这部巨著尽早出版的现状,《黄河志》编纂出版采取"统一规划,分卷出版,严格评审,保证质量,加强管理,众手成志"的出书体制。

党和国家领导人对《黄河志》编纂十分关怀。1990 年 8 月,全国政协副主席钱正英为《黄河规划志》作序。1991 年 5 月,国务院副总理田纪云为《黄河防洪志》作序。1991 年 8 月,国务院总理李鹏为《黄河志》作序。序中写道:黄河水利委员会主编的《黄河志》,较详尽地反映了黄河的基本情况,记载了治理黄河的斗争史,汇集了治黄成果与经验,不仅对认识黄河、治理开发黄河将发挥重要作用,而且对我国其他大江大河的治理也有借鉴意义。

为了进一步加强责任制,保证《黄河志》成稿和出版阶段工作的质量,1991 年 3 月,黄河志编委会决定设立《黄河志》总编辑,由黄河志总编辑室主任袁仲翔兼任。经过认真审校,1991 年 12 月,《黄河志》第一批成果《黄河防洪志》《黄河大事记》《黄河规划志》三部志书共 180 万字正式出版。1992 年 1 月 7 日,在郑州河南人民会堂举行《黄河志》首批成果出版新闻发布会。中共河南省委常委、副省长宋照肃,省委常委、省委宣传部部长于友先,中国地方志指导小组成员、河南省地方史志编委会主任邵文杰及河南人民出版社社长兼总编辑邓质钢、黄委会代主任亢崇仁出席会议并讲了话。新闻发布会后,在社会上引起了较大反响,中央电视台、《人民日报》、《光明日报》等数十家新闻单位进行了宣传报道。《光明日报》等报刊还发表了对志书的评论文章。香港的书店也很快提出要求订购已出版的黄河志书。不久,国务院副总理田纪云在郑州接见了《黄河志》的编纂及出版工作人员,并为黄河志工作题词:"编好黄河志,为认识、研究和开发黄河服务。"接着,《黄河防洪志》于1992年5月荣获中共中央宣传部首届"五个一工程"优秀图书奖,是首届"五个一工程"入选作品中的唯一志书,在水利界和历史地理、方志学界引起强烈反响。国家水利部专门发文对编志人员进行表彰奖励,中共河南省委宣传部和黄委会也分别对编志人员颁发了嘉奖令。《黄河志》编纂工作出现了重要的突破。后来,《黄河防洪志》又获得第六届中国图书奖一等奖,《黄河大事记》《黄河防洪志》《黄河规划志》等三卷志书又获河南省社会科学优秀成果荣誉奖。1993年3月,已出版的《黄河志》各分卷,参加了在北京中国博物馆举办的全国新编地方志成果展览会,受到大会和观众的好评。

经黄河志总编室及有关局、院黄河志编辑室进行细致的审校工作,《黄河勘测志》与《黄河水土保持志》于1993年正式出版,这是《黄河志》进入出版阶段以来,推出的第二批成果。1994年4月25日,在西安市陕西省政府大厦举行了《黄河水土保持志》首发式(《黄河勘测志》同时首发)。陕西省副省长王双锡、陕西省人大常委会副主任沈晋、中国科学院院士朱显谟、安芷生,著名历史地理专家、原陕西师范大学校长史念海等参加会议,中央和地方20余家新闻单位和媒体莅临参加,作了广泛报道,出现了一次新的黄河志宣传热潮。

此后,从1994年11月到1998年11月约4年间,《黄河人文志》《黄河河政志》《黄河水文志》《黄河水利水电工程志》《黄河科学研究志》《黄河流域综述》相继先后出版。每推出一批《黄河志》新成果,均举行了一定规模的首发式或新闻发布会。各志书先后获得过地方史志优秀成果奖或北方十五省区市优秀图书奖等奖项。

《黄河志》已出版各卷参加了1995年9月在吉林省长春市由中国地方志指导小组主办的"全国方志、年鉴及史类图书博览会",并以其丰富的内涵和精美的装帧设计吸引了大批观众,受到观众和同行的好评。随着黄河志成果的相继推出,《黄河志》在社会上的影响日益扩大。1995 年 4 月,世界著名的美国国会图书馆为收藏已出版的黄河志书,委托美国驻华大使馆派专人来郑州黄委会购买。

组织专家学者群体攻关,成果丰硕

1998 年《黄河流域综述》问世后,新编大型《黄河志》主体工程已全部出齐。《黄河志》共分十一卷,各卷自成一册,全书共 800 多万字。此后,为阅读、检索方便,还配套编辑完成了《黄河志书评集》和《黄河志索引》二书,共 100 多万字,分别于 1999 年 11 月和 2001 年 12 月由河南人民出版社出版。

从 1982 年开始启动算起,《黄河志》编纂工程前后历时近 20 年。河南人民出版社的领导对《黄河志》出版工作非常重视,把它列为出版社重点项目,投入了大量人力物力和财力。承印《黄河志》的河南新华一厂将该书定为创优产品,集中人力物力,优先安排,保证了各卷志书高质量按时出版。

《黄河志》是以黄河的治理和开发为中心,全面系统地记述黄河治理开发的历史和现状的志书。它以被称为"中国的忧患"的黄河由"害"变"利"的历史事实和治黄投资的巨大经济效益,揭示了中国共产党和人民政府领导人民治水的丰功伟绩和社会主义制度的优越性。它不仅是一部全面总结古今治黄经验、探索治黄规律的志书,一部弘扬黄河文化丰富内涵的力作,还是一部历史教育、国情教育、爱国主义教育的好教材。它的编纂出版,为社会主义精神文明建设做出了重要贡献,具有重要的科学价值和现实意义。

《黄河志》全书以志为主体,兼有述、记、传、录等体裁,并有大量图、表及珍贵的历史和当代照片穿插其中。它是高度密集的黄河知识和文化的载体,是科学浓缩的黄河资料集萃,是众多黄河志工作者含辛茹苦的心血结晶。《黄河志》的内容涉及黄河的方方面面和各个科学领域,组织数百名专家学者撰稿审稿,并要求达到内容完全准确又不相互重复和矛盾,是一件很不容易的事。《黄河志》各卷的陆续顺利推出,是黄委会组织众多专家学者进行群体攻关所结出的硕果。

《黄河水土保持志》主编刘万铨,终生从事水土保持工作,是全国卓有贡献的著名水土保持专家,曾多次应聘到国外考察或咨询。他几十年奔波在黄土高原,在探索黄土高原水土流失规律及治理方略、有效途径和关键技术措施等方面取得了多项成果,积累了丰富经验,提出了许多源于实践有独到见解的观点,为丰富和完善水土保持科学理论体系,促进我国水土保持事业发展做出了贡献。他是罕见的一生情系水土保持事业,很有作为,很有名望的水土保持专家。他对水土保持的执着精神是难能可贵的。他极力倡导建设高标准的"三田"(即梯田、坝地、小片水地)以解决农民温饱问题,因对这个问题的热情已达到痴迷的程度,甚至给女儿起名也叫"三田"。他1983年起带领编辑室16位同志,历时10年艰苦编纂,完成70万字的《黄河水土保持志》。2003年,刘万铨积劳成疾患前列腺癌不幸逝世,终年76岁。他生前立遗嘱将自己的骨灰撒入黄河。

《黄河水文志》主编陈赞庭同志是著名水文专家,一心投入《黄河水文志》的编纂工作。他字斟句酌、一丝不苟,由于过度劳累,1991年他眼底开始出血,到1995年出血达11次。医生要求他必须住院治疗。在住院期间,经检查他又患上了轻度脑萎缩和脑梗塞。他在患病和治疗期间,时刻把编水文志放在心上,一边输液,一边看资料。输完液后又匆忙赶到办公室,坚持修改审查志稿。水文志编志人员在他的带领下,从浩如烟海的历史资料中,从丰富又庞杂的历史档案、观测资料、报刊中悉心集录。他们共查阅卷宗9000卷次,各类期刊1000余本、水文年鉴200余册、照片500余幅,建立了200多万字的资料检索卡片。"宝剑锋从磨砺出,梅花香自苦寒来。"冬去春来10载,历经千锤百炼的《黄河水文志》终于付梓成书。

《黄河规划志》在勘测规划设计院黄河志编辑室陈升辉、杨文生、郭慕夷等不知疲倦的编志人员的操刀下,仅其中"支流无定河流域规划"这一章,先试写两次,完成"草稿",之后在小范围内征求意见,进行修改。"征求意见稿"先后写了四次,历时两年,七易其稿,最后完成定稿两万字左右,保证了志稿质量。

《黄河科学研究志》编志人员高级工程师马增录是1947年浙江大学毕业生。退休后返聘在科研志编辑室工作。1989年河南省某建筑公司慕名高薪聘请他,他婉言谢绝后说:"和修志相比,钱算得了什么!不要说聘请,就是赶我走(指脱离科研志编辑室),我也不会走的。"由于他身体虚弱,加之积劳成疾,于1994年3月编志工作紧张期间病倒,住入医院四天后便离开人世。在他弥留之际,还断断续续地说:"稿子……修改……"他对黄河志事业这种兢兢业业、无私奉献的精神,激励着大家为《黄河科学研究志》的早日出版而努力。

高级工程师仝允杲,1938年毕业于清华大学土木工程系,是黄委会的老专家。曾任黄河水利专科学校教授,黄委会水利科学研究所所长。《黄河科学研究志》开始编的时候,他已近80高龄,是《黄河科学研究志》的顾问。他不仅对篇目设置、章节安排提出了具体的看法,初稿形成后,90多万字的志稿还全部交由他统稿修改。为了集中精力,他把自己关在宿舍楼上的书房内,谢绝会客。如有确实必须会见者,由家人在楼下敲击暖气管,以示通知。由于思想集中,过度操劳,一个多月时间,老人家瘦了许多。有人劝他注意身体,每天少干一些,他却说:"我关心的是早日出志书,这是我们黄河的大事,瘦一点算什么,不是掏钱难买老来瘦吗?"幽默的回答,闪耀着仝老的高风亮节。《黄河科学研究志》的编纂中,类似的事例还有很多。平日里这些修志的老同志总以"板凳甘坐十年冷,文章不写一句空"来警示自己。正由于他们始终坚持这种严谨的治学态度,在志稿编纂和修改加工中,不怕麻烦,不畏艰苦,精益求精,《黄河科学研究志》这部展示黄河科研事业的精品之作,才得以问世。

《黄河流域综述》的编纂是集中大家智慧、众手成志的典型表现。该志的主编是黄委会总工程师吴致尧,参加志书最后审校工作的达 30 多人。光最后校核工作进行了 5 遍,历时半年时间。主编和作者们都为了志书尽善尽美尽可能去修改。由《黄河流域综述》的成书足以看出,《黄河志》确是众手成志、众口评志,是众多编志工作者心血的结晶。无论是在职的,还是兼职的;无论是退休的,还是离休的;无论是黄委会内的,还是黄委会外的,大家都不计报酬、不计名利,尽心尽力将一部好的精品志书留给后人,表现了无私奉献的精神。

《黄河志》的诞生适应了时代的要求

新编大型《黄河志》的诞生与我们的时代是分不开的。一个多灾的河流,一个不屈的民族,一部中国人民征服黄河的艰辛奋斗史,一个黄河出现新形势、新问题的局面,一个需要黄河安定和水资源供给的改革开放的中国,这就是《黄河志》诞生的时代背景。可以说,只有在当前政治稳定、经济繁荣、改革开放取得重大进展的时期,才有可能完成这样规模的《黄河志》出版工程。我们的时代呼唤《黄河志》,同时它的诞生也适应了时代的要求。

多年来,已出版的黄河志书,受到广大读者的喜爱,得到了众多专家学者的高度赞扬。据不完全统计,已发表在各类报刊上的《黄河志》书评文章有 70 多篇。中国地方志指导小组成员、复旦大学教授、历史地理研究所所长、博士生导师邹逸麟在书评中盛赞 11 卷本《黄河志》出齐"这是黄河历史上具有划时代意义的大事"。他写道:"黄河将是中华民族长期研究的课题,这部《黄河志》将对这种研究起着基础和指导的作用。同时也是我们今天研究黄河、认识黄河的百科全书。"著名历史地理学家、方志学家,浙江大学教授、博士生导师陈桥驿在书评中指出:"《黄河志》出版,这是我国文化史和水利史上的一件令人鼓舞的大事","《黄河志》不仅是我国江河水利志中的翘楚,在我国历来的一切志书中,它也具有极端的重要性和崇高的地位"。著名方志学家、河南省地方史志协会学术顾问、编审杨静琦在书评中写道:"《黄河志》11卷本的编纂,是20世纪80年代以来开展的社会主义新方志编纂工程上的一大创举,这是一项宏大的治黄工程的全面总结、系统研究的科学体系。"她指出:"《黄河志》各卷以明确的观点,丰富的资料,科学的体系,创新的篇目,简明的文风,图文并茂,文表相配地写出了治黄的战绩,特别是浓墨重彩地写了中华人民共和国成立后治黄工作的重大发展。"曾在黄河上工作过的水利部高级专家赵子蘭,读了《黄河志》的部分分卷,感到"如逢故人、韦编三绝,每爱不释手,而又常百感交集,掩卷沉思",认为"志书存史、资治、教化的目的,《黄河志》当之无愧地已经达到,且臻上乘"。他呼吁:"选编或改编《黄河志》中某些章节列入中小学史地课本中,使'母亲河'的形象,深入人心。"日本学者、日本庆应义塾大学教授西野广祥,读过《黄河志》后,从日本分别致函黄河志总编室、河南人民出版社社长和黄河水利委员会谈读后感。他说:"我坚信出版发行《黄河志》,不仅是对中国文化的贡献,对人类来说也一定是宝贵的财产。而且,《黄河志》使我对中国过去、现在和未来充满无限兴趣。"

《黄河志》分卷陆续出版以来,以其科学性与实用性的统一在广大读者中逐步树立了权威。有的把《黄河志》作为工具书置于案头,在业务工作中随时参考,有的图书馆、档案馆、资料室作为重要资料、文献书借阅或存档;有的大中专院校作为教学必备参考书;有的老同志购买新编《黄河志》作为珍藏图书准备留传后代;有的自费购买作为母校校庆的珍贵礼品;有的以志书为基础组织开展黄河知识竞赛;有的指定《黄河志》为对职工进行爱国家、爱社会主义和爱黄河的教材;等等。几年来,在志书陆续刊行问世后,积极为现实服务取得了显著成效。志书中搜集整理的大量历史水旱灾害资料成果,为防汛抗旱提供了有益的借鉴和科学的依据。志书中提供的不少黄河历史洪水及古河道资料等,为有关规划设计工作提供了参考资料。《黄河河政志》提供的古今治河法规的大量资料,为当前正在研究制定的《黄河法》提供了重要的参考资料。《黄河志》有关山东部分所记述的成果资料,曾为济南市的"引黄保泉"工程所利用,"黄河河口变迁与治理"的部分成果,为胜利油田和开发黄河三角洲提供了借鉴。已出版的《黄河志》各卷,为黄河经济带开发研究和"一带一路"经济开发研究提供了资料依据。同时,几年来已出版的《黄河志》各卷,被反映黄河的影视文艺、音像等作品的创作人员,作为重要的基础资料而加以利用。新编《黄河志》正在发挥越来越大的经济效益和社会效益,在社会主义物质文明和精神文明建设中,正在发挥巨大的作用。

为系统反映黄河开发治理的业绩,提供黄河治理准确的各方面情况,并为续编《黄河志》积累资料,1995 年 3 月,经黄委会领导研究决定成立黄河年鉴社,与黄河志总编辑室实行一套机构、两块牌子,黄河志总编辑室正、副主任兼任黄河年鉴社正、副社长。1995 年 7 月,国家新闻出版署发文同意黄委会创办《黄河年鉴》,并下达了全国统一刊号。之后又办理了可在国内外发行的国际标准连续出版物刊号。2000 年 11 月,在河南省工商行政管理局办理了广告登记证。黄河志总编辑室(黄河年鉴社)主编的 1995 年卷《黄河年鉴》于 1995 年 12 月正式出版,以后每年一卷,每卷约 80 万字。到 2020 年底为止,已连续出版 26 卷。《黄河年鉴》曾获河南省地方史志优秀成果奖一等奖,在全国年鉴编校质量检查评比中曾获特等奖。

历时近 20 年的《黄河志》编纂工程顺利完成,是人民治黄史上的一大盛举,是最震撼人心的治黄故事之一,也是我治黄职业生涯中的一大亮点。1995 年 1 月,我年届 61 岁,办理了退休,由林观海同志接任总编辑室主任兼任黄河年鉴社社长。但退休后我仍被返聘在黄河志总编辑室工作,直到黄河志各卷全部出齐,并参与完成了《黄河志书评集》与《黄河志索引》的编纂工作。光阴似箭,迄今黄河志总编辑室主任已换了六届,现任总编辑室主任是王梅枝同志。首届大型《黄河志》出版发行以来,因供不应求,河南人民出版社 2017 年 1 月予以再版发行,这对全国江河水利志书来说,是罕见的。

《黄河志》编纂是一项持续进行的工程。国家规定地方志 20 年续修一次。因此它只有进行时,没有终止时。只要黄河存在,治黄事业存在,《黄河志》就没有终止的时候。因此它也是"永远的黄河志"。当前,第二届续修《黄河志》正在酝酿启动。我相信随着治黄事业的发展,黄河流域生态保护和高质量发展成为重大国家发展战略,黄河成为造福人民幸福河的步伐进一步加快,续修的《黄河志》将会精品迭出,更加绚丽多彩!

（河南省政协文化和文史委员会编《黄河记忆——我的黄河故事》,中州古籍出版社 2021 年版）

目 录

试论黄河志的继承与创新

我国是一个历史悠久的文明古国,我们中华民族还是一个治水极早而又善于用水治水的民族,江河史志在我国的产生是相当早的。春秋战国时代的《尚书》《山海经》《尔雅》等,都有关于江河的记载。《尚书·禹贡》具体记述了黄河河道,距今已经有两千多年的历史。西汉杰出的史学家司马迁,在撰写《史记》时,把治河理渠写成了《河渠书》,开创了我国史书专篇记河的先河。此后,在班固所写的《汉书》中,有以介绍黄河治理为主要内容的《沟洫志》,在北宋以后的历代史书中,又一无例外地都设有《河渠志》专志,对全国江河,特别是黄河的状况、水利兴废及治河活动都作了比较翔实的记载。可以说,这些书、志初步具备了江河志的雏形,已经是我国早期的江河志了。

除了历代史书中的河渠专志以外,北魏郦道元撰写的《水经注》,清代胡渭写的《禹贡锥指》,傅泽洪、黎世序等主持编纂的《行水金鉴》《续行水金鉴》和康基田主修的《河渠纪闻》,周馥编纂的《治水述要》,民国初年武同举等人纂成的《再续行水金鉴》都以河流水系为纲,对各条河流的河道、水利和治理情况作了十分详细的描述和记载。享有很高声誉的《水经注》,记述全国大小河流 1200 多条,对各河的水文、地貌、地质、土壤、植被、物产、交通、城镇等情况均有阐述,尤其对黄河流域的记载最详,是我国较早的一部地理水利名著。《行水金鉴》《续行水金鉴》《再续行水金鉴》,合计多达 491 卷,1000 万字以上,按时代顺序,从上古迄清,历述了全国主要江河的情况,搜集了大量治水事迹和治水论述,其中有关黄河部分即达 217 卷，近 300 万字。其内容之广博、资料之丰富十分惊人，是我国集古代治水史料大成的巨著，为后人进行江河治理和研究提供了充分的历史依据。

专门记述黄河的史、志，在我国水利文献中也占有一定的地位。如唐贾耽撰写的《吐蕃黄河录》，宋沈立的《河防通议》，元欧阳玄的《至正河防记》、潘昂霄的《河源记》，明刘天和的《问水集》、万恭的《治水筌蹄》、潘季驯的《河防一览》，清靳辅的《治河方略》、张希良的《河防志》、张霭生的《河防述言》，等等，都记载了黄河情况和治河成就，介绍了古代人民的治河经验，丰富了我国历史文献的宝库。特别是从明代嘉靖年间起，在嘉靖《河南通志》、顺治《河南通志》、雍正《河南通志》中，都专列了《河防》一目，专门介绍黄河，使黄河和地方志结合起来，成为地方通志的一部分。到了民国年间，吴泳湘、陈善同等仿照地方志的体例，主持编纂了《豫河志》《豫河续志》《豫河三志》，汇集了河南黄河的历史沿革和民国年间的治理情况。胡焕庸、侯德封、张含英等修纂了以记述流域气象、水文、地质、灌溉、航运、垦殖、防溢、堵决、修防、官制为主要内容的黄河专志——《黄河志》，使黄河志书向更完备的形式迈进了一大步。

综上所述，我国江河、水利史志，特别是有关黄河的史志著作，几千年来连续不断，数量之多，历史之久，为世界所罕见。今天我们编纂《黄河志》，首先就面临着一个继承的问题。要保持精华，舍弃糟粕，编纂出适合于社会主义"四化"建设需要的新《黄河志》来。在对旧志的继承方面，我以为应从以下几点着手：

1. 旧江河史志中记录了大量有价值的治河史料，是历史资料的宝库，也是历代劳动人民治河实践的真实写照和经验总结，它对于充分了解河情，制定正确的治河方针政策，开发和治理黄河，有着极大的借鉴作用。

例如历代治黄实践的记述，为我们了解几千年来黄河的发展变化提供了重要史实；历史洪水的记载，为制订防洪工程设计标准提供了重要依据；历代治河方略是我们研究制订新的治黄规划的重要参考资料。旧志中这些大量有用的资料和遗产,我们应该十分珍惜,在编纂新《黄河志》中要充分地加以利用。

2. 旧江河史志中所体现的既"统合古今"又"详今略古"的原则,我们应很好地继承。

一条江河是一个整体,江河的演变往往要经过长期历史观察才能看清。因此,旧的江河史志往往首先对江河从纵的方面进行考察,采用"统合古今"的方法,对江河从古到今的历史和现状进行详略不同的记载,同时又"详今略古",着重记载当代的情况。如司马迁的《河渠书》,从传说中的大禹治水写起,至春秋战国以来的治水活动均有记载,而着力记述的则是作者所生活的汉代的水利,既写了长期的水利史,又重点描述了汉武帝时期的水利工程。

我们编纂新《黄河志》,继承"统合古今"又"详今略古"的原则,既要根据黄河历史悠久的特点,上溯古代,追述黄河河道变迁、水旱灾害和历代治理情况,又要立足现代,侧重现代,重点编写人民治黄几十年来的历史实际,尽可能多地和如实地记下当代的新情况和新材料,这样才能充分体现我们时代的特色,使新编《黄河志》做到载录完备、考订精详,更好地为国家"四化"建设服务。

3. 要继承旧江河史志的作者在编纂过程中的求实精神和谨严态度。

从旧江河史志来看,许多著作的取材是相当丰富的,这固然是由于他们占有一些有利条件,如有的本人就是史官,执掌"石室金匮"之书,当然非常有利于他们的编纂工作。有的史志作者,本人就是治水名臣,他们把丰富的治水实践如实地记载下来,便成为有价值的江河史志著作,如明代潘季驯的《河防一览》、清代靳辅的《治河方略》等。除此之外,他们所表现的求实精神,不辞辛劳地进行大量实地考察,也是使他们充分占有资料的原因。如司马迁,根据《史记·太史公自序》所说,他的足迹遍布当时的大半个国家,还亲自参加过黄河下游的瓠子堵口。《水经注》的作者郦道元,好学博览,在各地"访渎搜渠",留心观察水道等地理现象,终于完成巨著。在《水经注》四十卷中，黄河部分就有五卷。今天，我们编纂新《黄河志》，有大量古代资料可查，有丰富的现代档案可依，有众多健在的当事人可访，因此从资料来源来讲，较之古代具有更多的优越性。我们应吸取古人经验，采取谨严态度，对资料加以认真考订，对有疑问之处，认真地进行实地考察，细究其间的虚实真伪，做到"考核不厌精详，折中务祈尽善"，以确保编志资料的翔实可靠。

4. 继承旧江河史志表达形式多样化的传统，力求做到新编《黄河志》图文并茂。

一定的内容必须由一定的形式来表达。我国旧方志沿袭"无所不载"的传统，为了表述"一方之全史"采用了多种表达形式，如纪、表、谱、图、书、志、考、略、传、录等等。在旧的江河史志（包括旧的黄河史志）发展过程中，表达形式也逐步多样化。从只有文学叙述发展到记、图、表等多种形式并用。我们新编《黄河志》从地理到社会，从历史到现状，包罗万象，内容宏富。就篇目的设置来看，它已超过了历史上任何一部黄河史志著作。因此，表现形式也应尽可能多样化，应采用各种形式和体裁以及现代化技术手段来进行编纂，力求做到图文并茂，以充分反映黄河的古今变迁及其在"四化"建设中的新风貌。

5. 继承旧江河史志语言文字朴实简练的传统。

我国古代有"言之不文，行之不远"的说法。我们的前人在江河史志的编纂中对语言文字是很重视的。清代方志学家章学诚说过："事必借文而传，故良史莫不工文。"江河史志著作中的名篇，其文字也是非常精美的。如《史记·河渠书》，仅用1600多字，却记载了从夏禹王至汉武帝时代全国水利工程的兴废变迁，并把作者的主观感情渗进到客观事物的叙述中去，文章精练而又动人。《水经注》写长江三峡那一段仅用300多字，而文笔深峭，情景相融，已作为范文被选入中学语文教科书中。我们新编《黄河志》应该争取做到既有科学性又有文学性，要具有严谨、朴实、简明、凝练和规范的文风。

旧的江河史志是前人治理江河活动的记录和反映,从形式到内容固然都有许多可资借鉴之处,但我们也应看到,它们都是在封建社会和半封建半殖民地社会完成的,必然受到当时的社会条件和科学条件的制约,因而在编纂的立场、观点和方法方面都存在着不少问题,遗漏和讹误的地方也不少。以旧的有关黄河的史志著作为例,有的几乎全部写的是下游防洪,决口、堵口占据了绝大部分篇幅,水资源利用则写得很少,系统地记述黄河水系开发利用的书犹如凤毛麟角,有的只是一些资料的堆积,像一本本流水账。对于创造治水伟大业绩的人物特别是劳动人民,很少给以应有的地位。还有相当多的著作,是从封建王朝和地主阶级的立场出发,歪曲了历史的真实面貌。很显然,这是不符合当前建设社会主义"四化"的需要的。

胡乔木同志提出:"要用新的观点、新的方法、新的材料继续编写地方志。"又说:"新的地方志要比旧志增加科学性、现代性。"这为我们《黄河志》编纂工作上的创新指明了方向。新编《黄河志》既要起到"存史"作用,又要发挥"资治"功能,同时它也是向广大治黄职工及沿河亿万群众进行爱党、爱社会主义和爱黄河教育的生动教材。因此,必须立足创新,才能编纂出具有时代特点的、符合国家需要的新《黄河志》。在创新问题上,应从哪些方面入手进行呢? 我认为:

1. 要坚持马列主义、毛泽东思想为指导,以辩证唯物主义和历史唯物主义的观点,实事求是地反映黄河及治黄的本来面貌,努力反映和体现出黄河发展的客观规律。

用马列主义、毛泽东思想指导修志,才能提高志书的思想性,防止和清除资产阶级意识形态的精神污染,使新编《黄河志》符合我们时代的要求。《邓小平文选》是毛泽东思想的坚持和发展,是马克思主义同中国现阶段的实际相结合的产物,因此,当前我们要学习和运用《邓小平文选》,指导我们的修志工作。

事物发展的规律性是客观存在的,黄河的发展也有它的规律性,有些规律已经被人们所认识,有些则还没有被人们所认识。周总理在 1964 年治黄会议上说:"我们总要逐步摸索规律、认识规律、掌握规律,解决矛盾,不断地解决矛盾,总有一天可以把黄河治理得更好一些,我们要有这样的雄心壮志。"又说:"我们以为认识很多了,可是还有很多未被我们认识的领域,就是恩格斯说的,有很多未被认识的必然王国,必须不断去认识,认识了一个,解决一个,还有新的未被认识。自然界中未被认识的多过我们已经认识的。"黄河是世界上著名的复杂难治的河流,反映和体现它的规律性,具有重要的科学价值。

《黄河志》不是单纯的黄河资料汇编,它是一部江河志,而志的特点是以资料为主体来反映事物的规律。我们应以大量翔实可靠的资料来反映黄河的变化与发展,要用马列主义、毛泽东思想来观察分析、揭示它的本质。在纵的叙述中,对黄河的发展要有比较,要阐明它的前因后果,在横的展开记述中,要写清楚事物之间的联系和影响,这样,黄河客观的规律性就展现出来了。对治黄实践中已有的经验教训,已经统一的定论或已经认识到的结论,应如实地加以记载,对于一些不同的看法、认识,经过多年争论不能统一的,可以诸说并存,同时记载,有些现象现有科学尚不能作出结论的,也可如实记载,让后代继续研究。

2. 要充分写出黄河的特色。

事物有共性也有个性,所谓特色就是个性。新编《黄河志》应该反映出黄河的特点,充分记载具有黄河特色的内容。

在中国的江河中,黄河是一条颇具特色的河流,表现在历史悠久、地理条件独特、灾害频繁、复杂难治等许多方面。从历史上来讲,黄河流域是我们中华民族的摇篮,有着悠久的开发史。但由于历史上长期战乱和不合理开发,生态条件不断遭到破坏,生态环境失去平衡,给黄河以深刻的影响。从地理特征上来说,它流经世界上最大的黄土高原,水土流失严重,每年下泄泥沙达 16 亿吨,在世界大河中首屈一指。中游黄土高原区的水土流失,给当地人民的生产、生活造成直接的危害,也给黄河的治理与开发带来极大的困难。黄河有史以来就以洪水灾害闻名于世,中游暴涨暴落,下游善淤善徙。下游防洪一旦出了问题,将造成毁灭性灾害,因此,"黄河安危,事关大局"。黄河流域水利资源不十分丰富,旱灾频繁,是农业生产发展的制约因素。原有引黄灌溉面积有限,发展灌溉是开发黄河水利的重要一环。黄河中上游水力蕴藏量极为丰富,而多数尚未开发。黄河的通航范围和货运能力都较小。这些都是黄河的特点。编纂中要立足黄河,本着"详异略同"的原则,抓住黄河特点充分予以反映,切忌因袭模拟,泛泛介绍,内容雷同,千篇一律。要不落俗套地写出富有特色的新《黄河志》。

3. 体例结构要创新。

两千多年来,我们的前人在江河史志的体例上,曾做出过许多有益的贡献。根据时代的发展,我们要在既不脱离方志基本传统,又不拘泥于古法的基础上,制订出一套适合于现时的新的体例结构来。根据黄河的特点,安排新编《黄河志》体例结构的原则是:第一,以黄河流域为记叙范围,以黄河水系的治理与开发为主线;第二,要符合现今的时代精神;第三,要体现黄河的特点,既不要将篇目、层次列得过多过细,又不要失之过简过粗,要做到详略得当;第四,门类排列及顺序既要有主次和轻重之分,又要做到眉目清楚和突出主体,使其不致相互重叠,彼此交错;第五,既详今略古,又通贯古今。

根据上述原则,新编《黄河志》的体裁以记、志、图、表、录、传、考等表述形式,构成全志的基本框架。以志为主体,图、表、照片分别穿插在各志之中。依顺序,志首列"序言""凡例"及"总述"。通过"总述",用简明扼要的文字,提纲挈领,综合叙述黄河的伟大及其全貌为全志之纲。以下分为十一卷,卷以下分篇、章、节、目等层次。大事记采用编年体,以时为经,以事为纬,按纵写方法予以记述。其余各卷以横剖为主。总的要求做到"层次分明,首尾贯通"。同时,由于现代科技手段的发展,要发挥图表、照片、图画、工程图、地图等的功能,综合运用于志书。图表有"揽万里于尺寸之内，罗百世于方册之间"的作用，用较少文字却能说明很多问题，能提高阅读效果，使志书更具有科学使用价值。

4. 要写好治河人物。

记述有影响、有代表性的历史人物，历来是史志的一个基本内容。数千年来，中国旧地方志中，人物往往占有相当分量，方志必载人物，一般已成为定例，也形成了一种传统。

从我们江河史志来说，江河治理的历史进程是通过人的活动来实现的，所以记事离不开记人。根据马克思主义关于历史是人民群众创造的，人民是历史的主人的观点，新编《黄河志》在记述治黄实践过程中，要充分体现人民群众的作用，同时也要注意，对一些有影响的治河历史人物的作用，也要实事求是地给予恰当的评价。

新编《黄河志》在人文卷中单列有"治黄人物"一篇，分章叙述古代、近代及当代的治河人物。另外在其他各篇凡涉及人物时，也要同时加以叙述，要做到以人系事，以事系人，以收到相辅相成之效。

《黄河志》人物篇收录范围及编纂的基本原则是：以与黄河有关的治河人物为主，以近、现代人物为主，以正面人物为主。对促进治黄斗争做过显著贡献、立过较大功劳并起过推动作用的人物，包括对治黄事业有重大贡献的劳动模范或革新能手等，要着重加以记述。同时，对于阻碍历史前进、影响重大的反面人物，也要适当记述一些，以符合历史的真实。

评价历史人物要注意阶级分析，要科学地、实事求是地了解历史人物思想发展的不同阶段和不同方面，要看他的主流，看他的基调，一分为二，具体分析，不能"以偏概全"或"隐恶扬善"。要根据当时的社会环境、历史背景去看历史人物所作所为的功过是非，不能以今天的时代、无产阶级的标准来要求历史人物。

记叙人物时文笔要朴素、凝练、雅重、真实，不虚构、不渲染、不溢美、不贬损，寓褒贬于记事之中。

万里黄河，奔腾激荡。从历史传说的大禹治水，到今天的人民治黄，人才辈出，人物资料十分丰富，只要坚持严谨、科学、认真、负责的态度，就能把治河人物写好。

5. 语言文风要搞好。

一部志书的语言文风好坏，对志书的流传及其实用价值，影响极大。新编《黄河志》不是史料的罗列，而是对古今丰富治黄实践活动的生动叙述。因此，语言要规范化，文风要端正，力求做到科学性与文学性相结合。

根据当今方志的通用文体，新编《黄河志》用语体文、记述体，力求通俗易懂，简明扼要，文约事丰，准确明快，结构谨严，浑然一体，朴实流畅，富有文采，要让史实资料说话，在丰富史料的基础上，努力阐明历史的客观进程。要做到不拔高、不发空论、不用浮词，切忌套话、空话、假话，反对拖泥带水、故弄玄虚。志书中所持之观点，要言之成理，持之有故，有逻辑力量，有说服力。要做到这一点，需要我们对所志对象——黄河，有既精且博的了解，把握治黄重大事件及有关人物的每一重要环节，做到成竹在胸。同时要刻苦锻炼，加强语言修养，努力提高文字表达的功力，把《黄河志》写得既生动而又具有情趣。

总之，继承与创新的问题，涉及许多方面，是编纂新《黄河志》所面临的一个大问题。当前，我们还缺乏经验，一定要以高度的历史责任感和事业心，积极参加修志实践，在继承中求创新，在批判中求发展，努力完成编纂新《黄河志》的历史任务。

（载《河南史志通讯》1984 年第 5 期，此文王质彬同志提供了有关资料）

从黄河志的编纂谈
地方志是严肃的科学的资料书

全国地方志第一次工作会议期间,万里、胡乔木、邓力群等中央领导同志参加了会议并作了重要指示。特别是胡乔木同志的讲话,涉及当前编志工作从理论到实践的一些重大问题。认真学习和贯彻这篇讲话的精神,对提高新方志的质量,促进修志事业更健康地发展,将有重要意义。

下面联系我们编纂河南黄河志的实际,谈谈学习胡乔木同志讲话(以下简称《讲话》)的体会。

一、《讲话》的核心是新方志的性质和科学性问题

方志的性质问题,是方志基础理论研究中的重要课题。在古代,发生过方志是史还是地理书的争论,以清代章学诚和戴震的论争最为典型。现在,人们对方志性质的认识也是众说纷纭,有的说方志是"地方史书",有的说是"地理书",有的说是"行政管理书",还有"地方百科全书""信息总库""资料性著述""一定区域的综合知识信息反馈中心"等说法。胡乔木同志在讲话中反复指出,"地方志的价值,在于它提供科学的资料","地方志是严肃的、科学的资料书","是一部朴实的、严谨的、科学的资料汇集","是一部科学文献"。胡乔木同志用简洁的语言,对新方志的性质作了正确的回答。

新方志"是一部朴实的、严谨的、科学的资料汇集"。这样来概括新方志的性质,至少说明了以下几点:

第一,它指出了新方志最宝贵的价值所在。正因为它是一部朴实、严谨、科学的资料汇集,因此,它可为一地的领导提供横向和纵向的信息和借鉴,使其鉴古知今;可为各行各业的专业人员了解有关专业的历史和现状,提供便于查考的系统资料,进行科学研究。以《河南黄河志》为例,新方志的资料价值是显而易见的。在志稿送各编委审查期间,黄河志编委、黄委会总工程师王长路在一次座谈会上就说:"黄河志还未印出来,志稿上的许多资料,我在工作中都已用上了。"水电部不久前给我们派来了一位新领导,就是现任黄委会第一副主任、党组第一副书记的钮茂生同志,他到任后,很快就派人来索取《河南黄河志》,从中了解黄河和黄委会的情况。我们志书上提供的有关黄河的河情资料以及黄河历史洪水、历史灾害等资料,规划设计部门很欢迎,纷纷来要,以便在规划设计工作中作参考。

第二,它反映了国家对新方志的要求。国家"四化"建设以及两个文明建设要求新方志给国家和社会提供全面的、系统的、有组织的科学资料。例如为了促进城乡经济体制改革,加强横向联系,搞活地方经济,需要地方志提供地方百科信息;为了对人民进行爱国主义、共产主义和革命传统教育,需要地方志提供生动的乡土教材;等等。

第三,它为编志工作者提出了努力的方向。把大量有价值的资料汇集起来不容易,要做到朴实、严谨和科学化,就更不容易,需要我们编志工作者付出辛勤的劳动和大量的心血。

我们在编纂黄河志的过程中,首先面临的一个问题就是把黄河志编成一部什么样的书。多年来为了治黄工作的需要,黄委会曾经编过大量的"资料汇编""规划报告""工作总结""治黄研究论文"等等。也出过有关黄河的科普著作,甚至写过"黄河史",但这些都不是黄河志。我们认为,黄河志应以经过考证的、具有较高科学性的资料取胜,要按科学分类编排以反映出黄河的各个方面。我们在实际工作中坚持了这一点,所以《河南黄河志》刊行才几个月,就收到了较好的社会效果。有的水利工作者反映,这部志书提供了系统而翔实的河南黄河的资料,它"浓缩河南黄河的资料和信息于一册,融学术性、知识性于一体",对搞好水利工作很有用。有的读者反映,我们虽然不搞水利工作,但黄河是中华民族的母亲河,我们也需要了解黄河,读了《河南黄河志》,我们掌握了有关黄河的许多知识。不少大专院校和图书馆、档案馆、资料室利用这本志书作为教学的参考和作为资料、工具书存查。黄河系统特别是河南黄河系统各单位纷纷利用此书进一步了解黄河,研究黄河,掌握黄河的特点,探索黄河的规律,并作为对广大青年职工进行热爱黄河教育的乡土教材。从志书问世短短几个月所初步发挥的社会功能来看,我们深深体会到,胡乔木同志所指出的把志书编成"一部朴实的、严谨的、科学的资料汇集",确实是十分中肯的,是涉及志书是否具有生命力的一件大事。我们的志书要成为对国家有用的书,要成为珍贵的传世之作,必须按这个要求去认真落实。

二、关于新方志资料性、科学性和实用性的统一

地方志是以资料为主,以资料取胜的。从古至今,从"一统志"到"郡县志",不管是图地形、析疆域、分山川、条物产、辨贡赋、记艺文、载人事,都是以"搜集一方资料"为第一位的,因此,"资料"就决定了方志的基本特征和基本内容。但是,地方志又不是一部流水账式的纯资料书。它需要排比类辑资料,需要在掌握大量资料的基础上,分析、判断其是非,疏通其因果,确认其性质,体现其规律,认真消化资料。这就是说,地方志是一部经过科学整理的具有科学性的资料汇集。胡乔木同志在《讲话》中指出,"要逐步地提高地方志的科学水平","要求整部地方志从头到尾都力求谨严,要保持一种科学的、客观的态度","要杜绝任何空话,摆脱任何宣传色彩"。真实性是志书的生命线,科学性的核心就是真实性,因此要求能全面反映事物发展的本来面貌。而片面性则从根本上背离真实性。我们在编纂黄河志中,注意了严把"三关":一是资料要真实、准确。历史上有关黄河的资料可谓汗牛充栋,我们对大量资料进行了认真筛选,经过核实、比较,审慎地加以采用。二是既写成绩又写缺点,既写成功经验,又写失败教训,坚持实事求是。三是"博观约取",从事实的全部总和和事实的联系中去掌握事实,力求反映出黄河的规律性。

胡乔木同志在《讲话》中还提出地方志应作为一部实用性文献的问题。我们体会所谓"实用"就是为现实服务。地方志是一种知识,同时也是修志工作者对一定区域从自然到社会,从历史到现状的认识成果的结晶。地方志如果真正做到了是一部具有科学性的资料汇集,其本身必然具有较强的实用性。资料性、科学性和实用性三者之间是辩证的统一。我们在黄河志的编写中,注意了紧密围绕经济建设的需要,较详尽地阐述了黄河开发、治理、利用的历史经验,为志书更好地为现实和长远服务创造条件。我们认为,一部好的黄河志,应该客观地再现黄河的历史和现状,使人从中科学地总结出经验教训,为制订根治和开发黄河战略,推动治黄建设提供有益的借鉴。

三、怎样理解新方志的整体性

胡乔木同志在《讲话》中指出:"地方志应当提供一种有系统的资料,这种有系统、有组织的资料应是一个有机的整体。"

怎样进一步理解和掌握新方志的整体性呢? 我们体会:地方志是一个地方的自然和社会的基本面貌的真实反映。这种反映既是全面的,着重在空间范围的整体性方面,又是历史的,着重在时间范围的连续性方面,还应该是综合的,着重在各个事物相互之间的联系方面。所以,我们应把地方志要反映的对象看作是互相联系的、多要素组成的、具有一定空间和时间结构的有机整体,而不是孤立的一个点、一条线、一个面。在这种认识的基础上,努力把入志资料安排得有系统,使其纲目分明,脉络有序。我们在黄河志的编纂中,注意了志书的总体设计以及分门别类、谋篇立章,对各篇目内部的层次结构,各篇目内容上的分工和照应,各篇目的内涵和外延等,都反复作了整体性的考虑和安排,使其尽可能正确地体现各门类之间的系统层次、领属关系和横向联系。把黄河及治黄事业作为主线，以河流一条线展开，围绕河流的各种矛盾，兼顾流域面上的情况，内容比较集中，整体性比较强，便于从本质上把握黄河这个对象。例如我们在编写《河南黄河志》时，以"利、害、治"为主线安排篇目，贯彻"今古兼顾，详近略远，以近为主"的原则。黄河治理，自古以来就是治国安邦的大事，我们以9章30余节约占全志3/5的篇幅作了较详尽的叙述。为了突出黄河特点，保持黄河志的系统性、完整性，我们将鸦片战争以前几千年的治黄活动，归纳为"古代治黄"一章。鸦片战争以后，到抗日战争时期，时间虽只有100多年，但黄河上发生了许多大事，治黄理论和科学技术都有不同于古代的新发展，我们专列了"近代治黄"一章，作了比古代较详的叙述。新中国成立后，黄河治理进入了新阶段，我们专设了一篇六章，以全书1/3的篇目对重点项目、重点工程作了实事求是的叙述。这种分层次、愈近愈详的做法是符合志书要求的，也将会更好地起到"存史""资治"的作用。又如我们在编纂《河南省志·黄河志》时，原来计划为八章，后来在编写中经过进一步推敲，为了全面反映治黄工作，又增加了《勘测及泥沙研究》和《治黄投资》两章，这样调整以后，感到整体性更强一些。当然，我们在这方面做得还不够。我们认为，要把握志书的整体性，最重要的是要努力提高编志者的学识素养和思想、业务水平，使自己站得高，看得远，才能把编志工作完成得更好。

四、贯彻《讲话》精神，努力把编志工作提高到新水平

学习贯彻全国地方志第一次工作会议及胡乔木同志《讲话》精神，要进一步提高对方志事业重要性的认识，在今后的编志工作中进一步树立事业心和责任感，提高自觉性，努力做到"五要"和"五不要"。

"五要"是：资料要翔实，叙事要简略，文字要精练，记事要客观，门类要齐全。

"五不要"是：志书当中不要搞题词，资料当中不要有虚假，文字当中不要有水分,记事当中不要画蛇添足的评论,叙述当中不要任何渲染。

在编志实践中要努力处理好以下几个关系:

(1)处理好体现正确的政治观点和避免"政治化"倾向之间的关系。正确的政治观点,即马列主义、毛泽东思想和辩证唯物主义、历史唯物主义,是志书的灵魂,志书要充分体现这些正确的政治观点。但是,这种体现并不在于堆砌大量政治术语和政治口号,而是要寓观点于所志内容的正确表述中。要避免志书的"政治化"倾向,要杜绝不适当的政治说教,不要使地方志染上政治宣传的色彩。

(2)处理好科学的资料书与纯资料汇集的关系。我们要把志书编成朴实的、严谨的、科学的资料书,但是绝不能把志书变成枯燥乏味、毫无逻辑的纯资料罗列。

(3)处理好提高志书实用性与反对"实用主义"之间的关系。我们提高志书的实用性,是为了使修志更好地为现实服务,更好地发挥经世致用的功能。但我们不搞片面的"立竿见影",强调时时、事事都要"实用",这样势必陷入单纯的"实用主义",降低志书的质量。

(4)处理好速度与质量的关系。我们既要认真修改,慎重出书,保证质量,不片面追求速度,又要抓紧时间,大胆写稿,充分调动修志人员的积极性和主动性,想方设法完成既定修志规划,争取又好、又快、又省地完成修志任务。

(原载《中国地方志》总第 38 期)

新编《黄河志》探略

——《黄河志》首批三卷志书出版的启示

《黄河志》是中国江河志的重要组成部分,是治黄史上第一部规模宏大的以记述黄河的河情为中心,全面系统地反映黄河建设的历史与现状的志书。全书计划 800 多万字,共分十一卷,各卷自成一册。在水利部的亲切关怀下,黄河水利委员会组织许多人力,进行了大量的工作,并得到流域内外水利、水电、水保、科研、教育和编志等部门的大力支持与帮助,经过多年的努力,目前初稿已大部完成。1991 年 12 月,《黄河大事记》《黄河规划志》《黄河防洪志》等三卷(共 180 万字)作为第一批志书已由河南人民出版社出版。

《黄河志》的编纂出版是一项系统工程,是治黄史上的一个盛举,也是一项益于当今、惠及后代的大事。国务院总理李鹏欣然为《黄河志》作序,国务院副总理田纪云、全国政协副主席钱正英分别为《黄河防洪志》和《黄河规划志》作序。92 岁高龄的著名水利专家张含英不久前为已完成初稿、正在修改中的《黄河科学研究志》作序。1992 年 1 月 7 日,在郑州举行了《黄河志》出版新闻发布会,中共河南省委、省人大、省政府、省军区、省政协领导同志及新闻出版界人士出席了会议。会后,在社会上引起较大反响。据不完全统计,中央电视台、河南电视台、《人民日报》《光明日报》《文汇报》《工人日报》《新闻出版报》等数十家新闻单位进行了宣传报道。《光明日报》《新闻出版报》《河南日报》《水利史志专刊》《水利天地》等报刊还发表了对志书的评论文章。河南省政府领导同志认为,《黄河志》首批成果的出版问世,对研究和探索黄河规律,加快黄河的开发治理,提高水利基础产业的地位,将发挥重要作用。5月6日,田纪云副总理在郑州接见了《黄河防洪志》的编纂及出版工作人员并与大家合影留念,还当场为黄河志编纂工作题词:"编好黄河志,为认识研究和开发黄河服务。"

《黄河志》首批三卷志书的出版,使《黄河志》编纂工作进入了一个新的阶段,认真总结这三卷志书出版工作的经验教训,探索、思考新编黄河志给我们的启示,对提高江河水利志编写水平、更好地完成编志大业有着重要的现实意义。

一、总体设计——志书成功的基础

一部志书是有机的整体,做好总体设计至关重要。黄河是我国第二条万里巨川,源远流长,历史悠久。如何在一部志书内全面反映黄河的历史与现状,篇幅既不能过繁,也不能失之过简,是我们着手编纂《黄河志》首先要解决的问题。在志书的总体设计中,我们注意处理好以下三个关系:

(一)在志书结构上处理好整体与局部的关系

新编黄河志本着"详今略古"的原则,既概要地介绍古代的治河活动,又着重记述中华人民共和国成立以来黄河治理开发的历程。《黄河志》共十一卷,其内容是:卷一《大事记》,卷二《流域综述》,卷三《水文志》,卷四《勘测志》,卷五《科学研究志》,卷六《规划志》,卷七《防洪志》,卷八《水土保持志》,卷九《水利水电工程志》,卷十《河政志》,卷十一《人文志》。整个志书以文为主,图、表、照片分别穿插各志之中。《黄河志》是一个整体,有统一的体例和篇目安排,统一的版式和装帧设计,各卷则是局部,其中有五卷由黄河志总编室承编,其余六卷分别由黄委会下属各局、院承编。在编纂完成后,经反复评审、层层审定,采取分卷逐步出版的办法。这样做的好处是能够早出成果,及时发挥志书的社会效益,但是也增加了总纂的难度,容易产生文风不统一和内容交叉重复等现象。这就要求总纂者全局在胸,要有整体观念,做到通观全书,统筹安排,删繁补遗,剪裁适体。从已出版的三卷志书来看,注意了这方面的工作,做得还是比较好的,没有出现较大的交叉重复和前后矛盾的现象。

（二）在编写内容上处理好主次关系

在着手编纂《黄河志》的初期阶段,曾有人提出把《黄河志》编成黄河的"百科全书",甚至主张将流域的民族、宗教、服饰、饮食、艺文、战史等人文及社会情况都包罗进去。我们没有采纳这种主张,而是坚持按《江河志编写暂行规定》办理,这就是确认《黄河志》是以黄河的治理和开发为中心的江河志书,是用大量翔实的资料记述黄河治理的历史与现状的志书。人文及社会情况只能围绕黄河治理与开发反映。由于对主次关系作了适当安排,避免了内容的过于庞大和芜杂,使新编《黄河志》成为较详尽地反映黄河的河情,具体记载中国人民治理黄河的艰苦斗争史,能体现时代特点的新型志书。

（三）在编写篇目上处理好统属关系

志书的篇目是一书之大纲,是一书的结构设计图。我们始终抓住了修订篇目这个环节。《黄河志》编纂篇目,目前经过七次大的修订。最初设计的篇目实际上是搜集资料的提纲。随着编志进程,篇目经过修订,成为编写的纲要。在总纂成志、最后审定出版的篇目,也就是志书的目录。篇目的更改,反映了编纂者认识的深化和全志整体的加强。

《黄河志》虽由各分卷所组成,但它不是部门志的汇编,而是具有科学结构和整体性的套书。在篇目设计中,我们注意了志书整体结构的层次、统属和各分卷间的横向联系,如新设《黄河河政志》,新增《黄河档案》《水资源管理》《水事纠纷》等篇;《水文志》新增《水文计算》篇;《水资源保护》篇从《水文志》改归到《河政志》内;《黄河航运》篇从《水利水电工程志》改归到《黄河流域综述》内;等等。进一步理顺了横向联系和统属关系,提高了志书结构的科学性。从篇目多次更改的实践中,我们体会到:要搞好篇目设计,就必须从结构性的原则出发,为黄河志的每一部分内容找出它在整个志书体系中的最佳位置。这个位置要归属得当,排列有序,纲目合理,因果彰明。一个内容所放的位置,必须有科学分类和逻辑划分上的依据,必须合乎事物的内在规律性,而不能是人为的、随意的安排。

二、既要继承,又要创新

方志事业是在继承与创新中发展壮大的。方志发展史是继承与创新的历史。方志的继承,并非继承一切,而是弃其蹄毛,汲其精华。新编《黄河志》要成为质量优良的志书,就必须大胆吸收和借鉴历史上创造的一切优秀成果,学习和消化当今全国修志的一切先进经验。

有关黄河的史志著作,几千年来连续不断,数量之多,历史之久,为世界罕见。春秋战国时代的《尚书·禹贡》,具体地记述了黄河河道,距今已有两千多年的历史。有的学者认为《禹贡》是我国最早的方志,有的说是《山海经》,不管是哪一部,其内容和体例皆与后世方志有渊源关系。在这以后,从西汉司马迁的《史记·河渠书》,到清代和民国期间出现的《行水金鉴》《续行水金鉴》《再续行水金鉴》等书,对黄河流域许多河流,都作了十分详细的描述和记载。专门记述黄河的史志,在我国水利文献史上也是连绵不断,从唐代的《吐蕃黄河录》,到民国年间出现的《豫河志》《豫河续志》《豫河三志》等,都记载了黄河情况和治河成就,介绍了古代人民的治河经验,丰富了我国历史文献的宝库。

在《黄河志》编写过程中,我们慎重地处理继承的问题。在分析历史上大量黄河史志著述的基础上,我们从以下几个方面继承历史遗产,保持精华。

(一)充分利用旧江河史志中的治河史料

旧江河史志中记录了大量有价值的治河史料,是历史资料的宝库,也是历代劳动人民治河实践的真实写照和经验总结。对这些大量有用的资料和遗产,我们十分珍惜,在新编《黄河志》中分门别类充分地加以利用。

(二)继承了旧江河史志中所体现的既"统合古今"又"详今略古"的传统

新编《黄河志》中,根据黄河历史悠久的特点,上溯古代,追述黄河河道变迁、水旱灾害和历代治理情况,又立足现代,侧重现代,重点编写人民治黄40多年来的历史实际,尽可能多地和如实地记下当代的新情况和新材料,充分体现我们时代的特色。

(三)继承了旧江河史志表达形式多样化的传统,力求做到新编《黄河志》图文并茂

旧志的图、表、志、考、传、录、略、记等体裁,在新编《黄河志》中都适当地得到采用。

(四)继承旧江河史志语言文字朴实简练的传统

我国古代有"言之不文,行之不远"的说法,我们的前人在江河史志的编纂中对语言文字是很重视的。清代方志学家章学诚说过:"事必借文而传,故良史莫不工文。"新编《黄河志》应力求做到具有严谨、朴实、简明、凝练和规范的文风。

方志的创新是时代对我们的要求,是新形势下发挥方志功能的需要。其实,方志学,就是方志不断创新的结晶。胡乔木同志提出:"要用新的观点、新的方法、新的材料继续编写地方志。"又说:"新的地方志要比旧志增加科学性、现代性。"这为我们《黄河志》编纂工作上的创新指明了方向。我们的创新是在实事求是地尊重客观规律的基础上的创新。必须立足创新,才能编纂出具有时代特点的、符合国家需要的新《黄河志》。

几年来,黄河志的创新是沿着"新志观、新功能、新志材、新格局、新志法、新志德"的路子探索前进的。

1. 新志观。就是具有新的修志指导思想。封建时代的志观不可能用来指导编写新方志。我们在新编黄河志中,始终坚持以马列主义、毛泽东思想为指导,以辩证唯物主义和历史唯物主义的观点,实事求是地反映

黄河及治黄斗争的本来面貌,努力反映和体现出黄河发展的客观规律。《黄河志》不是单纯的黄河资料汇编,它是一部江河志,而志的特点是以资料为主体来反映事物的规律。《黄河志》编写在纵的叙述中,对黄河的发展做到有比较,阐明它的前因后果;在横的记述中,力求写清楚事物之间的联系和影响,这样,黄河的规律性就展现出来了。对治黄实践中的经验教训,已有定论的,则如实地加以记载;对于一些不同的看法、认识,经过多年争论仍不能统一的,则诸说并存,同时记载;有些现象现有科学尚不能作出结论的,也如实记载,让后代继续研究。

2. 新功能。方志的功能,除了传统的"存史、资治、教化"外,在《黄河志》编纂过程中,于1988年11月,在黄河志第三次编委扩大会上,明确提出了"为认识黄河、研究黄河、开发黄河服务"的编志目标。水利部有关领导同志认为,这样来认识编纂《黄河志》的目的,"不仅突破了旧志传统,也更新了思想观念,进一步丰富了社会主义江河志的理论"。

3. 新志材。新编《黄河志》除充分利用历史资料外,通过广泛搜集、大量调查,积累了许多新的资料。这些旧志未载的、全面系统的、有价值的资料,构成了新编《黄河志》的主体。对广采博取的大量资料,编纂中付出大量人力,详加考订核实,力求做到去粗取精,去伪存真,准确完整,翔实可靠。《黄河志》的断限:上限不求一致,追溯事物起源,以阐明历史演变过程。下限一般至1987年,但根据各卷编志进程,有的下延至1989年或以后,个别重大事件下延至脱稿之日。这样就保证了黄河问题的最新资料在《黄河志》中得以记录下来。

4. 新格局。所谓格局也是志体的反映。对志体问题应看作是一个历史的、发展的概念,因时代不同,其内涵外延也是有变化发展的。旧志的体裁我们应当适当继承,但是,旧志偏重横剖,平列门目,结构较松散,记述过程中免不了"因果之效不彰",难以更好地体现时代性。新编黄河志采用"章节体"的格局,它使志书形成结构严谨、体例统一的整体。并新设总述,用以统率全志,鸟瞰全书。篇章之前一般设精练、简短的篇序或章序,又称"无题概述",用以提纲挈领地表达本篇或本章内容之精髓,使读者增加整体印象,有概括、总览以下篇章的作用。此外,还因地制宜地设置了一些反映宏观活动的篇章,以体现志书的整体性。作为《黄河志》首卷的《黄河大事记》,在编辑方法上也有不少创新,每条大事冠以标题,用以概括表现条目主要内容,既便于检索,又使读者对黄河历史脉络一目了然。

5. 新志法。即编修志书的方法。九年来我们结合黄委会情况,摸索了以下一些方法:

"专职修志,条块结合"——针对黄委会40多年机构稳定、资料丰富、机构层次齐全的特点,修志采取"行政首长主办,各方密切配合"的办法,除在黄委会机关设总编室、配有专职班子外,在各局、院也都设有专职修志班子,实行条块结合,形成自下而上的编志系统,保证了修志工作的有节奏进行。

"开门修志,众手成志"——黄河志历次编委扩大会、志稿评审会都广泛邀请流域各省(区)及全国六大流域机构的代表参加,借以广泛征求意见,集思广益,充分发挥流域内外各有关单位对新编《黄河志》的促进作用。黄委会与水电四局、十一局及西北勘测设计院等单位团结修志、不计名利、互相促进的事例,受到水利部有关领导的称赞。

"目标管理,加强检查"——从1988年黄委会推行目标管理起,即将修志工作纳入目标管理轨道,结合编志实际建立"黄河志承编责任制",由黄委会与各承编单位领导签字画押,订立"承编责任书",实行"四定",即:定任务、定质量、定时间、定奖励。及时督促检查,推动了编志工作的进展。

"广征资料,狠抓评审"——在征集资料中,中游治理局创造了"委托制"的办法,即出去收集资料时,带上印好的"委托书",与有关单位提供资料的同志面谈,落实提供资料的内容和时间,使对方明确要求,大多数按"委托书"的要求提供了资料。志稿评审是提高志书质量的重要环节,每次召开评审会,都事先做好充分准备,邀请恰当对象,会后认真归纳评审意见,择善而从。并采取编审结合、内外结合、上下结合等方法,对志稿进行认真评审,把好志书的政治关、资料关和文字关。

"宏观控制,微观搞活"——对志书的总体设计,在宏观上要加以控制。志书的总编目和大政方针要统一,而各分卷的细部篇目设置和承编方式、审稿方法等则尊重各编志单位的意见,鼓励承编单位广开思路,积极创新,使编志工作具有充分的活力。

"行家为主,三个结合(老中青)"——承编《黄河志》的黄委会下属各局、院,建立了九个编志机构,专职从事编志工作的有百余人。在这些编志部门中,集中了一些熟悉黄河情况,知识比较渊博,实践经验比较丰富的行家里手。山东河务局、河南河务局、中游治理局、设计院、水文局和水科院等单位都抽调了从事治黄工作35年以上、富有经验的教授级高级工程师担任主编,同时注意老、中、青三结合。从各编辑室群体结构的人员素质来看,是比较高的。

6. 新志德。章学诚说:"德者何,谓著书者心术也。"新志德就是要求具有修志的职业道德,从广义上讲,是指要有共产主义道德。在新编《黄河志》过程中,我们坚持对历史负责,对人民负责,对后代负责,实事求是,追求真理,秉公直言,敢说实话。记述成绩不回避失误,记述失误不忘记在正确路线指引下所取得的成就,力求反映历史的真实面貌。另外,在编志人员中开展学雷锋、学焦裕禄、学燕居谦的活动。黄河志总编室从1990年3月以来,还开展了"三学记事簿"活动,涌现了许多好人好事,共产主义道德风尚进一步发扬,被誉为"小本子里面乾坤大"。

三、鲜明的黄河特色——志书的生命

《黄河志》应具有黄河特色,这是不言而喻的。如果没有黄河特色,志书就没有生命,也失去存在的价值,更无质量可言。但是,是否"只要如实地写出黄河的历史与现状,就是具有黄河特色"呢?这样认识也是

不够的。黄河的特色虽然是客观存在的,但对客观事物的认识有一个从低级到高级、从简单到复杂的过程。对一条世界著名大河河情的深刻认识,需要编志工作者下功夫,对大量资料进行细致的研究与分析,从中发现它的特点,找出规律性的东西,相对集中篇幅,加重笔墨,去体现它,反映它,才能鲜明地反映出它的特色。

我们在新编《黄河志》中,为充分体现黄河特色,一般采取了以下方法:

(一)独特的结构,以体现黄河特点

我们将具有黄河特色的事物,在志书结构层次上,把它显示出来。如黄河防洪,事关大局,黄河防洪的成就举世瞩目,传统的河工技术及其新发展,又是我国的宝贵财富,因而在《黄河志》中专设了《防洪志》。又如水土保持是治黄之本,世界最大的黄土高原就在黄河流域。黄河流域的水土保持活动已经有几千年的历史。新中国成立以来,黄河水土保持工作取得了史无前例的巨大成就,对减少入黄泥沙,保持黄河流域良好的生态环境,发展黄河流域工农业生产发挥了巨大作用,因而在《黄河志》中又专设了《水土保持志》。再如黄河规划工作由来已久,规模宏大,在中国大江大河的规划活动中,十分突出,20世纪50年代全国人大召开代表大会审议通过黄河规划,为历史所罕见。为详细记述黄河治理方略和规划演进的历程,专设了《黄河规划志》。以上将具有特色或在黄河占主导地位的部分立为专志(分卷),这样就给需要突出的部分留出较大的篇幅,便于充分展开,使读者从志书结构上就清楚地看出黄河特色。

(二)详特略同,抓住重点"浓墨重彩"

"详特"就是详细地记述独特之点,显示事物的个性。在编写过程中,要从资料中,通过纵与横、点与面的比较,从共性中找出差别。何处该详,何处该略,《方志丛谈》作了这样的概括:"天下共有者略书,天下虽有而不如我者大书,唯我特有者特书,然后纵观全局,以见各地繁简异势,以显当地短长。"什么是黄河和治黄工作的特点呢?我们根据对大量资料

分析,认识到:

1. 黄河在我国的地位十分重要。黄河流域是我国文明的重要发祥地,被称为"中华民族的摇篮"。历史上一个相当长的阶段,黄河中下游曾是我国政治、经济和文化中心。自古以来,黄河的治理与国家的政治安定和经济盛衰紧密相关。黄河哺育了中华民族的成长,为我国的发展做出了巨大贡献,又有中华民族的"母亲河"之称。黄河流域自然资源丰富,在当今社会主义现代化建设中,黄河的治理开发占有重要的战略地位。

2. 黄河的灾害十分严重,为其他河流所罕见,是举世闻名的复杂难治的河流。计自西汉以来的两千多年中,黄河下游有记载的决溢一千余次,并有多次大改道,被称为"中国之忧患"。

3. 黄河治理的历史十分悠久,几乎与我国历史同步开始。传说远在四千多年前,就有大禹治洪水、疏九河、平息水患之事。随着社会生产力的发展,治河活动绵延不断,但在旧社会,由于受社会制度和科学技术的限制,一直未能改变黄河为害的历史。

4. 人民治黄以来,特别是新中国成立后,扭转了过去三年两决口的险恶局面,黄河的治理开发取得了前所未有的巨大成就,古老黄河发生了历史性的重大变化,这些成就被公认为社会主义制度优越性的重要体现。

5. 在长期治黄历程中,有成功的经验,也有失败的教训,即使在新中国成立以来多年的治黄实践中,也有一些失误和教训,不同意见的论争曾长期进行并屡次掀起高潮,充分说明治黄工作任重道远,黄河本身未被认识的领域还很多,治黄事业是一个实践、认识、再实践、再认识的长期过程。

从上述黄河的这些特点来看,总体来说就是贡献大,灾害严重,河情复杂,治理历史悠久,根治任务艰巨。针对这些特点,我们在《黄河志》的编纂中,都予以浓墨重彩处理,对其他各河流所共有的一些事物,则只作简略的记述。这样有详有略,各有轻重,就使独特之处显得丰满而充实。

事实说明，只要我们留心观察，对每个事物做具体、深入、周密、仔细的比较分析，抓住反映河流特色的本质特征，从共性中寻求个性，就不难找准特色，进而根据志书的规范和体例要求，本着实事求是的编纂原则编写，河流的地方特色和治河的专业特色就会跃然于志书中。

四、协调各方力量，组织群体攻关

新编《黄河志》的内容涉及黄河的方方面面和各个学科领域，需要组织和依靠流域各有关单位的专家学者通力合作。参加《黄河志》各卷的撰稿者和审稿者多达数百人，组织如此众多的专家学者撰稿审稿，并要求达到科学内容完整准确又不相互重复和矛盾，达到写作水平和体例大体一致，是一件很不容易的事。可以说，只有在当前政治稳定、经济繁荣、改革开放取得发展的时期，才有可能完成这样的系统工程，才有可能把众多人的心智凝聚在一部书上，才能动员和协调各方面的力量对《黄河志》编纂进行群体攻关。

实践说明，从事编纂《黄河志》如此浩繁复杂的系统工程，要发挥各单位的智力优势，要建立精干有力的编志机构，要运用行政手段和权威，要理顺编志机构与其他有关单位的关系，否则，便不能有效地组织这项工程的顺利实施，也不能达到全面完成编志大业的目的。

中共河南省委常委、河南省副省长宋照肃在《黄河志》出版新闻发布会上评价这部书时，用了一句概括性的语言，它就是"盛世出巨著"。这短短的一句话，其内涵深刻而丰富，它揭示了《黄河志》的出现与时代、与社会的关系，这是一个引人深思的问题。

在旧中国，也有许多治黄专家和学者怀着美好的愿望，希望出版一部全面系统的《黄河志》。可是在那动荡不安、灾难频仍的年代，中国又有什么条件来编纂、出版这部巨著？1935年张含英、胡焕庸、侯德封等三位专家满怀热忱参加撰写《黄河志》，结果只出版了几篇而告中断。

党的十一届三中全会以后，国家建设事业飞速发展，一个稳定的、发展的社会,不仅对巨著的出版发出了呼唤,而且从各方面为其出版提供和创造着有利条件。我们欣逢盛世,当前全国修志的大环境,江河水利事业的发展,水利部对江河水利志编纂的关怀和支持,特别是当前水利是基础产业地位的加强,党的加强大江大河大湖治理的方针,都是我们《黄河志》的编纂得以顺利进行的外部条件。没有这些条件,要取得今天的成就是不可能的。我们要正确评估《黄河志》首批三卷志书出版已取得的成绩,仅仅是为整个《黄河志》出版工程开了个好头,未竟的任务还很艰巨而繁重。从志书的高标准衡量,我们在志书的思想性、科学性、时代性等方面还存在许多不足之处,有待于认真总结、改进提高。

实践使我们认识到,修志要按照修志的工作程序,循序渐进,既要保证质量,又要积极抓紧完成。不能脱离现实,急于求成;也不能旷日持久,难以成书。要正确处理质量与速度的关系。在当前资料、人力、水平实际可能的条件下,充分调动编志人员的积极性,力争早出成果,全面完成编志任务,是可能做到的。我们一定要珍惜当前的有利环境和条件,团结广大编志人员,再接再厉,为又快又好又省地完成《黄河志》编纂大业而努力奋斗!

(原载《黄河史志资料》1992 年第 2 期)

浅谈《黄河志》编纂的宏观把握与微观细审

新编大型江河志《黄河志》的编纂工作从 20 世纪 80 年代初开始起步,80 年代中期逐步全面展开,90 年代初期开始分卷出版。《黄河志》主体工程共十一卷,到目前为止已正式出版《黄河大事记》《黄河规划志》《黄河防洪志》《黄河水土保持志》《黄河勘测志》《黄河人文志》《黄河水文志》《黄河水利水电工程志》《黄河河政志》等共九卷。另外,《黄河科学研究志》已交付出版,正在印刷;《黄河流域综述》已完成大部分工作,即将交付出版。也就是说,在各级领导的关怀支持下,经过广大编志工作者十多年含辛茹苦的努力,《黄河志》主体工程的编纂(除增加的《黄河志索引》待编外)即将全面完成。在这样的时刻,回顾一下编纂工作的历程,初步总结一下编纂工作的成就与不足,分析一下《黄河志》在宏观把握与微观细审方面的经验教训,对进一步提高编志水平和做好今后黄河史志工作,是有益的。

一、根据治黄工作的特点,设计全志的框架结构和内容布局,突出流域性,做到纲目合理,归属得当,排列有序,因果彰明

编纂一部志书,搞好宏观把握极其重要。宏观把握首先体现在做好志书的总体设计上。新编《黄河志》的体例结构首先要解决该志的记述范围问题。在着手编纂《黄河志》的初期阶段,曾有人提出把《黄河志》编成黄河的"百科全书",甚至主张将流域的民族、宗教、服饰、饮食、艺文、战史等社会情况都包罗进去。我们没有采纳这种主张,而是坚持按《江河志编写暂行规定》办理。这就是确认《黄河志》是以黄河的治理和开发为中心的江河志书,是用大量翔实的资料记述黄河治理的历史与现状的志书,有关的文化及社会情况只能围绕黄河治理与开发来反映。由于对主次关系作了适当安排,避免了内容的过于庞大、芜杂和记载过泛。《黄河志》各卷布局,既有综合内容的分卷,如《黄河大事记》《黄河流域综述》《黄河人文志》等,又有按治黄专业门类划分的专卷,如《黄河防洪志》《黄河水土保持志》《黄河水利水电工程志》等,这样做,编纂思路比较清晰,分工比较明确,编写起来也顺当易行。

《黄河志》虽由各分卷所组成,但它并不是部门志的汇编,而是具有科学结构和整体性的套书。在篇目设计中,我们注意了志书整体结构的层次、统属和各分卷间的横向联系。《黄河志》篇目,前后经过 7 次大的修订,在编纂过程中,又经过多次更改。每次修改,都反映了编纂者认识的深化和全志整体性的加强。篇目的更改,进一步理顺了横向联系和统属关系,提高了志书结构的科学性。多年来《黄河志》编纂的实践,使我们体会到,好的篇目的产生,是反复推敲、不断修改的结果,它伴随志书从搜集资料到正式出版的始终。

《黄河志》采取分卷逐步出版的办法,各分卷既是《黄河志》套书的组成部分,又具有相对独立性,能单独成书。这样做的好处是能够早出成果,有利于争取较广泛的读者群,但也增加了编撰和总纂的难度,容易产生文风不统一和内容交叉重复等现象。由于总体设计合理,统筹安排适当,在编纂过程中,又在宏观把握上进行了适当调整,因而从已出版的志书来看,还没有出现较大的交叉重复和前后矛盾的现象。

二、根据治黄工作内容,力求突出治黄的工作重点和鲜明的黄河特色

对治黄工作中的重点,在志书结构层次上,把它突出出来。如黄河防洪,事关大局,黄河防洪的成就举世瞩目,传统的河工技术及其新发展,又是我国的宝贵财富,因而在新编《黄河志》中专设了《防洪志》。同时加大了该志的编纂力度,出版后引起较大社会效应,荣获中共中央宣传部首届"五个一工程"一本好书奖、第六届中国图书奖一等奖等。又如水土保持是治黄之本,世界最大的黄土高原就在黄河流域,保持黄河流域良好的生态环境、减少入黄泥沙,对根治黄河、发展黄河流域工农业生产具有重大作用,因而在《黄河志》中又专设了《水土保持志》。其他如《黄河规划志》《黄河人文志》《黄河河政志》的设立,也是既结合黄河特点,在总体结构上又具有独创性。

志书的特色是志书的生命所在,也是志书质量的重要标志。新编《黄河志》为充分体现黄河特色,编志工作者下了很大功夫,对大量资料进行了细致的研究与分析,从中发现它的特点,找出规律性的东西,相对集中篇幅,浓墨重彩,去体现它、反映它。如黄河灾害十分严重,被称为"中国之忧患",黄河是举世闻名的复杂难治的河流。《黄河志》除在《大事记》中作编年体的记述外,又在《黄河流域综述》卷专列了"灾害"篇,同时在《防洪志》及《水土保持志》中均列有"灾害"专章,对黄河灾害的历史与现状详加记述。又如在长期治黄历程中,有成功的经验,也有失败的教训,即使在中华人民共和国成立以来多年的治黄实践中,也有一些失误和教训,不同意见的论争曾长期进行并屡次掀起高潮。《黄河志》本着实事求是的原则,均如实地加以记载。如《黄河规划志》中列了"三门峡工程的争论"专章,《水利水电工程志》中对三门峡工程的记述,既有改建成功的经验,也有规划失误的教训。《工程志》中还设有"下游水利枢纽兴废"专章,详细记述了在"大跃进"形势下,仓促上马的黄河下游花园口、位山、泺口、王旺庄等水利枢纽工程,因违背黄河宏观规律终于破除报废,给国家造成很大浪费的深刻教训。其他在水土保持工作中,也有不少教训,在《水土保持志》中均有详细记述。这些都有利于发挥《黄河志》的"资治"功能,使读者感悟到治黄事业是一个实践、认识、再实践、再认识的长期过程,黄河本身未被认识的领域还很多,治黄工作确实是任重道远。

三、既要继承,又要创新,既大量采用新资料,又认真核实旧资料,努力为当代和后人编纂一部可信可用的黄河志书

方志事业是在继承与创新中发展壮大的。方志发展史是继承与创新的历史。在我国,有关黄河的史志著作,几千年来连续不断,数量之多,历史之久,为世界罕见。这为我们继承历史的优秀遗产,创造了有利条件。在《黄河志》编纂过程中,我们慎重地处理继承的问题,对历史上大量有用的资料和遗产我们十分珍惜,在新编《黄河志》中分门别类充分地加以利用。例如在编志过程中,编志人员不仅查阅了黄委会自存的大量文献资料,而且充分利用了在北京故宫用了长达 3 年的时间复制的有关黄河的清宫档案 23000 多件多达 1800 万字的史料,并对这些资料进行了去伪存真、去粗取精的加工。同时,在继承方面还对旧江河史志中所体现的既"统合古今"又"详今略古"的传统及体裁和表达形式多样化、语言文字朴实简练等编纂经验,也力求在新编《黄河志》中加以体现。另外,我们十分注重在继承的基础上创新。因为创新是时代对我们的要求,是新形势下发挥方志功能的需要。新编《黄河志》始终坚持正确的指导思想,以辩证唯物主义和历史唯物主义的观点,努力反映和体现出黄河发展的客观规律。《黄河志》编写在纵的叙述中对黄河的发展做到有比较,阐明它的前因后果;在横的记述中,力求写清楚事物之间的联系和影响。对治黄实践中的经验教训,已有定论的,则如实地加以记载;对于一些不同的看法、认识,经过多年争论仍不能统一的,则诸说并存;有些现象现有科学尚不能下结论的,也如实记载,让后代继续研究。

新编《黄河志》在体裁上设有"总述",用以统率全志,鸟瞰全书。各篇章之前,一般设有精练、简短的篇序或章序,又称"无题概述",用以提纲挈领地表达本篇或本章内容之精髓,使读者增加整体印象,有概括、总揽以下篇章的作用。"总述"和"无题概述"的设置,对全书及各篇章内容可以有议论之笔,对志书"述而不论""叙而不议"有一定突破。在编辑方

法上也有不少创新。如《黄河大事记》根据治黄发展历史共分为 10 个时期加以记述,每个时期之前设一简短概述,用以揭示该时期黄河发展的大势大略。正文中对每件黄河大事又冠以标题,用以概括表现条目主要内容,既便于检索,又使读者对黄河历史脉络一目了然。

新编《黄河志》有不少卷增设附文,以辑存资料。附文是志书正文内容的附属部分,恰当地运用附文,不仅是志书体例上的创新,而且可以对非常重要但又无法进入正文的资料保存下来并对志书正文所记内容进一步深化阐述。如《规划志》附邓子恢副总理在全国人大一届二次会议上所作的《关于根治黄河水害和开发黄河水利的综合规划的报告》、周恩来总理 1964 年《在治理黄河会议上的讲话》及《治黄规划座谈会纪要》等;《防洪志》附“黄河下游 1949—1987 年汛期水情工情纪要”和“黄河下游 1950—1987 年度凌汛实况纪要”;《勘测志》附“国务院关于长期保护测量标志的命令和保护条例”等,都是对正文内容的补充和深化。

新编《黄河志》除充分利用历史资料外,通过广泛搜集,大量调查,积累了许多新的资料。还多次组织有关人员走访重大治黄事件的当事人,并进行过多次野外实地考察或调查,做了许多前人从未做过的工作,掌握了大量的最新的一手资料。这些全面系统的、有价值的新资料构成了新编《黄河志》的主体。对广采博取的大量资料,编纂中付出大量人力,详加考订核实,力求准确完整、翔实可靠。有时即使一句话、一个数据、一个标点也不放过。有些远在西北各省兄弟单位提供的资料,往往因一个数据产生疑问,须要用发函或电话、电报等通信手段认真进行审核,直到定稿为止。可以说,新编《黄河志》凝聚了广大编志人员和众多领导、治黄专家的心血,大家有一个共同的心愿:为当代和后人编纂一部可信可用的黄河志书。

四、为保证志稿质量，努力树立"精品意识"，坚持实行"承编责任制""主编负责制"和一系列严格的质量评审制度

新编《黄河志》作为"传世之作"，要服务当代和流传子孙后代，因此，编志工作本身要求我们要树立"精品意识"，从内容到印刷、校对直至外部装帧，都坚持高标准、严要求，力求使我们的每卷志书，都成为具有高度思想性、时代性和科学性，并具有典雅品位和优美装帧的上乘精品。

从1988年黄委会推行目标管理起，即将修志工作纳入目标管理轨道，结合编志实际建立了"黄河志承编责任制"，由黄委会与各承编单位领导签字画押，订立《承编责任书》，实行"四定"，即：定任务、定质量、定时间、定奖励。并及时督促检查，推动了编志工作的进行。此外，认真贯彻执行了"主编负责制"，对提高志书质量也起到了很好的作用。

每卷《黄河志》在成书前，一般均经过"初稿""评审稿"和"送审稿"等几个阶段，有的还增加"试写稿"阶段。在评审次数上早已超过原定的"三审定稿"，达到"四审""五审"甚至更多。不少志书在编纂完成后，首先分篇打印进行专家评审，然后综合总纂成书后再次打印进行综合评审。有的在召开大范围的专家评审会评审后，又将根据专家意见修改加工后的志稿再次打印，送有关专家复审。如此反复评审、反复修改、精雕细琢，使志稿质量逐步提高。如《黄河大事记》《黄河人文志》等，每部志稿的专家评审书面意见竟达10多万字。不少专家来信称，为《黄河志》的虚心求审、一丝不苟、精益求精的精神所感动。志稿交付出版后，在印刷过程中，编辑人员又反复严格认真进行校对。已出版的黄河志书，不少在评奖前经新闻出版主管部门组织专家抽样校对，差错率均在允许范围以内。

新编《黄河志》的内容涉及黄河的方方面面和各个科学领域，参加《黄河志》各卷撰稿者和审稿者多达数百人，组织如此众多的专家学者撰稿审稿，并要求达到科学内容完整准确又不相互重复和矛盾，达到写作水平和体例大体一致，是一件很不容易的事。可以说，只有在当前政治稳定、经济繁荣、改革开放取得重大发展的时期，才有可能完成这样规模的系统工程,才有可能把众多人的心智凝聚在一部《黄河志》上。《黄河志》编纂出版的初步成就,是黄委会动员和协调各方力量,进行群体攻关所结出的硕果。

实践证明,要成就一部高质量的志书,必须同时做好宏观把握与微观细审两个方面的工作。在这方面,新编《黄河志》虽已取得一定成绩,但由于种种原因,还有不少地方不尽如人意。如各卷之间,质量也不平衡;有些篇章节的安排和标目,显得分散细碎;材料取舍和资料运用方式也有一些值得商榷之处;由于志书各卷出版时间跨度较长,加之审核不够,有些数字前后不一,还存在个别的可以避免的交叉重复;在行文及度量衡数字表述等方面,还有一些不够规范之处;有些章节专业性较强,表述有过细之嫌等。

当前,《黄河志》的编纂出版工作,仍在加紧进行。"行百里者半九十",我们绝不能松懈斗志,要以高度的政治责任感和历史使命感,以极强的"精品意识"和敬业精神,再接再厉,奋发努力,争取更好地全面完成《黄河志》编纂大业。

(原载《黄河史志资料》1997 年第 4 期)

向人民贡献精品是编志工作者的不懈追求

——《黄河防洪志》编纂琐议

1992 年 5 月 20 日,从首都北京传来喜讯,由中共中央宣传部主办的全国 1991 年度精神产品生产"五个一工程"评奖揭晓,黄河水利委员会主编的《黄河防洪志》荣获优秀图书奖。中宣部等在北京举行了隆重的颁奖大会,中央有关领导同志出席了会议。"五个一工程"是中宣部采取的以抓重点工程的方式实实在在地组织精神产品生产的一项重大措施。这次获奖的优秀图书,共有 10 个省、直辖市出版的 10 部图书,《黄河防洪志》即为其中的一部,也是其中唯一的地方志书。颁奖大会以后,新华社、《人民日报》、中央电视台等新闻媒介迅速作了报道。许多报刊发表了对《黄河防洪志》的评介文章,香港的书店也很快提出要求订购《黄河防洪志》等已出版的黄河志书。1992 年 12 月 30 日,《黄河防洪志》又荣获在深圳颁发的第六届中国图书奖一等奖。《黄河志》在社会上的影响日益扩大。

《新编地方志工作暂行规定》中指出:"名山大川,凡具备必要条件者,可编纂独立的志书。"《黄河志》就是根据这个规定和进一步开发江河水利的需要而编纂的。《黄河防洪志》的获奖,是中国江河水利志编纂工作的一个突破。《黄河防洪志》作为优秀精神产品被中宣部加以肯定并颁奖,这就进一步显示了地方志的功能和地位,无疑对我们编志工作者是一个很大的鼓舞。

《黄河志》是治黄史上第一部规模宏大的以记述黄河的河情为中心,

全面系统地反映黄河建设的历史与现状的志书。全书计划 800 多万字，共分十一卷，包括大事记、流域综述、水文志、勘测志、科学研究志、规划志、防洪志、水土保持志、水利工程志、河政志、人文志等。在水利部的亲切关怀下，黄河水利委员会组织许多人力，进行了大量的工作，经过多年的努力，目前初稿已大部分完成，并正式出版《黄河大事记》《黄河规划志》《黄河防洪志》等三卷。《黄河水土保持志》和《黄河勘测志》已编审完毕，正在出版印刷。其余各卷将逐年陆续交付出版。《黄河志》的编纂出版，是一项系统工程，是治黄史上的一个盛举，也是一项益于当今、惠及后代的大事。党和国家领导人对《黄河志》编纂十分关怀，国务院总理李鹏、副总理田纪云、全国政协副主席钱正英等先后为《黄河志》或各分卷作序。

《黄河防洪志》是《黄河志》的第七卷，是历史上第一部包括上中下游，全面反映黄河防洪的历史与现状的志书，也是迄今为止已编辑完成的第一部世界著名大河的防洪志。它以翔实而丰富的资料，叙述了历代劳动人民征服黄河洪水的艰苦斗争史，较详细地记载了新中国成立以来中央关于黄河防洪斗争的一系列重大决策和黄河防洪的伟大成就。全书共 10 篇 36 章 70 万字。《黄河防洪志》出版以来，得到国家领导人、社会各界的重视和许多专家学者的良好评价。1992 年 5 月，田纪云副总理在郑州接见了《黄河防洪志》的编纂和出版人员，给予亲切的鼓励，并欣然为黄河志编纂工作题词："编好黄河志，为认识、研究和开发黄河服务。"中国地方志指导小组成员、河南省地方史志编委会主任邵文杰著文评论说："编纂这样一部巨著记载黄河防洪，这在中国历史上是空前的，是对国家的一大贡献。志书的主要优点是：反映情况全面，特别是突出了新中国成立以来黄河防洪的巨大成就，资料丰富，内容翔实，体例科学，编排恰当，文辞练达，版面精美。总的来说这是一部好书，一部巨著，有益于治黄事业，有益于振奋人民建设社会主义的精神，有益于进行爱国主义教育。"

《黄河防洪志》的编纂及获奖，为《黄河志》和中国江河水利志的编纂提供了新鲜经验,探索一下这部志书编纂成功对我们的启示,对今后进一步搞好编志工作,也许是有益的。

一、时代呼唤《黄河防洪志》的诞生

《黄河防洪志》的出现不是偶然的,它是全国性修志大潮和中国江河水利志编纂热潮兴起的产物。它的编纂出版具有重要的科学价值和现实意义。它的诞生有一定的时代背景。

黄河,是中华民族的摇篮,是中华文明的重要发祥地,曾为中国政治、经济和文化的发展做出了巨大的贡献。但是,黄河多沙善淤,黄河下游横亘于丰饶富庶而又人口密集的华北大平原上,是一条高出地面数米的著名的"地上悬河"。数千年中,下游决口改道频繁,曾给中国人民造成过巨大的灾难。计自西汉以来的两千多年中,黄河下游有记载的决溢就达1500余次,华北大平原25万平方公里的广大地区,均有黄河洪水泛滥的痕迹。洪水泛滥所及,北至天津,淤塞破坏海河水系,南至江淮,淤塞破坏淮河水系,黄河是世界上最难治理的河,被称为"中国之忧患"。美国哈佛大学一位著名教授曾说过一句流传很广的话:"世界上没有旁的东西能比滚滚的黄河洪流使人升起在自然面前无可奈何的情绪了。"中国人民对黄河洪水的斗争从很早的古代就开始了。自古以来,黄河防洪与国家的政治安定和经济盛衰紧密相关。为了驯服黄河,除害兴利,虽然历代对黄河都有所治理,可是在旧中国,由于受社会制度和科学技术的限制,一直未能改变黄河为害的历史。中华人民共和国成立以来,党和政府对黄河的治理非常重视,毛泽东主席第一次离京外出视察,就是到黄河视察。周恩来、邓小平、陈云等老一辈无产阶级革命家对治黄工作都十分关注,曾有过许多重要指示。近年,江泽民总书记、李鹏总理等中央领导也曾多次视察黄河。多年来,党和政府都将黄河防洪作为安邦定国的大事来抓,不仅从经济上投入大量资金,而且作为一项重要的政治任务,予以重视,因而取得了多年伏秋大汛从未决口的辉煌业绩,黄河的面貌发生了

巨大变化。这些事实向全世界人民充分显示了中国社会主义制度的优越性。黄河防洪问题如此重要,将黄河防洪的历史与现状系统编写成志,是广大群众的愿望,也是加快大江大河治理形势的要求。许多读者迫切要求看到一部翔实、全面、系统的《黄河防洪志》。一个多灾的河流,一个不屈的民族,一部中国人民征服黄河洪水的艰苦斗争史,一个需要黄河安定局面的改革开放的中国,这就是《黄河防洪志》诞生的时代背景。我们的时代呼唤《黄河防洪志》,同时它的诞生也适应了时代的要求。

二、《黄河防洪志》编纂的宏观调控

(一)处理好整体与局部的关系。江河志内容蕴涵丰富,卷帙浩繁,在结构上如何网罗如此广博的内容,是志书总体设计中首先面临的问题。我们根据地方志的横排原则,结合黄河志的情况,按治黄工作的主体和专业内容加以归类,将全书分为若干分卷,并坚持分卷出版的办法。各分卷之间既有内在联系,又有相对独立性。各卷自成一册,既便于购买与阅读,又利于早出成果。实践证明,分卷出版,适应了不同层次读者群的需要,发挥了吸引更多读者、扩大志书社会影响的作用。《黄河防洪志》是《黄河志》的一个分卷,我们在编纂中注意处理好整体与局部的关系,将黄河防洪的内容加以集中,使全书主题突出,特色鲜明。当然,要做好这一点,也并不是很容易,例如在写黄河防洪时,就离不开对黄河整体的自然环境和水沙情况的记叙,而这些在《黄河志》其他各卷已有记述,弄得不好,很容易产生内容互相交叉或矛盾的现象。为了克服这个难点,要求总纂者全局在胸,要有整体观念,做到通观全书,统筹安排,在一些内容的记述上做到繁简适度,以避免这些现象的发生。

(二)修订篇目,贯穿始终。篇目是一部志书的骨架,篇目是否科学合理直接影响志书的质量,因此,必须事先深思熟虑,统筹规划,搞好总体设计。本着"专志宜专不宜杂"的原则,《黄河防洪志》采取"横分纵写,以横为主,纵横结合"的结构形式。在记述上略古详今,突出中国共产党的领导、社会主义制度的优越性和依靠群众治黄的时代特点。

考虑到黄河上、中、下游都有防洪任务,而历来防洪斗争的主战场在下游,因此,篇目结构既要立足全河,又要突出下游,达到内容全面,又有重点的目的。《黄河防洪志》篇目虽以干流为主体,也纳入了与黄河防洪息息相关的沁河,并把下游防洪列为上编,共设洪水与灾害、防洪工程、工程管理、防汛、沁河下游防洪和防洪效益等六篇;将上、中游防洪置于下编,按河段分为甘肃河段、宁夏河段、内蒙古河段和龙门至三门峡河段等四篇。

谋划篇目,不是一蹴而就一成不变的,而是在编写的过程中,反复进行修改,贯彻修志的始终。如最初拟订《黄河防洪志》篇目时,第一篇为"方针任务",下设洪凌灾害、河道概况、洪水特性及防洪方针任务四章。初稿写出后,感到与《黄河志》卷二《流域综述》和卷三《水文志》有关篇章可能重复,因此取消了第一篇。后来又考虑到《防洪志》要独立成卷,早日出书,篇目不设洪水、泥沙和洪凌灾害,谈防洪就成了无的放矢,使读者难以了解黄河防洪的全貌,因此,又确定第一篇为"洪水与灾害"。1989年6月在三门峡市召开《黄河防洪志》评审会后,对篇目又作了修改,并增加了"水文情报预报"等章节。直到志书在印刷校对过程中,对个别节、目还有所修改变动。经过不断修改,最终使篇目结构比较合理,做到重点突出,干支结合,主次相宜。

(三)处理好纵与横的关系。志书体例要求横分门类,纵述始末。处理好纵横关系,有利于提高志书的科学性和整体性。《黄河防洪志》采用"章节体"的格局,它使志书形成结构严谨、体例统一的整体。其中,写好"概述"与"篇(章)序"又是处理好纵横关系中的重要一环。"概述"是统率全志、鸟瞰全书的点睛之作,是反映大势大略和宏观活动的重要篇章。《防洪志》的"概述"经过多次修改,基本上从宏观方面反映了黄河防洪的全貌,简述了黄河防洪斗争的艰苦历程。通过"概述"可以看出人民治黄所起的巨大变化与成就。《防洪志》各篇章之前,一般均设有较精练简短的篇序或章序,又称"无题概述",它提纲挈领地表达本篇或本章内容之精髓,使读者增加整体印象,起到概括总揽以下篇章的作用。

(四)处理好政治标准与其他标准的关系。《黄河防洪志》是一部专业性较强的志书,但是,它所反映的内容又是具有强烈政治性的黄河防洪这个重大题材。坚持政治质量第一,处理好政治标准与其他标准的关系,是提高本书的思想性,充分发挥志书"教化"功能的重要一环。我们在编纂中坚持马克思主义实事求是的原则,坚持辩证唯物主义和历史唯物主义的观点,坚持志书的纪实性,力求客观、科学、全面地记述黄河防洪的古与今。防洪治水活动从来都是一项安邦定国的社会经济活动,是一项推动社会进步、经济发展的伟大事业,它决定农业经济及整个国民经济的成败,甚至影响国家的安危。《黄河防洪志》全书 70 万字,没有文艺性的描写,没有政治口号,也没有空洞的议论,全是实实在在的经过考证的大量资料和严谨、朴素的表达。在专业性的纪实中,蕴涵和表达了丰富的政治内容。通过这部志书,一方面可以了解旧社会黄河洪水曾给人们造成过多么巨大的灾难,另一方面也可以了解到我国劳动人民是怎样同黄河洪水进行不屈不挠的斗争的,特别是新中国成立以来,怎样采取重大措施,进行卓有成效的斗争。多年来,为治理黄河,党和政府领导人民共完成土方 12 亿立方米,石方 3700 万立方米。如果用这些土方量堆成高宽各 1 米的土坝,可以绕地球赤道 30 周。通过《黄河防洪志》中关于防洪投资经济效益的分析,我们还知道,国家为治理黄河投资 50 亿元,从而避免了洪水决溢所造成的沙压农田、铁路中断、油田受淹、城市毁灭等重大损失,取得 500 亿元的防洪经济效益,从而保证了黄淮海平原 25 万平方公里、1 亿多人口生命和财产的安全。所以说,《黄河防洪志》是一部历史教材,也是一部现实的国情教材、爱国主义教材。它的编纂出版为社会主义精神文明建设做出了贡献。通过本书的编纂,为专业志书在反映专业特色的同时,如何加强政治性内容的记述,也提供了经验。

三、一次成功的群体攻关

编写一部具有鲜明黄河特色的《防洪志》对我们来说,困难是很大的。因为一来我们没有经验,再者,《防洪志》的内容涉及黄河上、中、下游,需要组织沿黄各省(区)水利部门、兄弟单位共同撰稿。参加这项工作的有甘肃、宁夏、内蒙古、陕西等省份水利部门以及黄委会系统的许多单位,当初落实编写任务有一定困难,组织工作非常繁重。但是,黄河毕竟对大家具有无比的魅力,中国人民征服黄河洪水的斗争,是华夏文明史中的壮丽一幕,将这威武雄壮的史实用志书的形式编写出来,刊行问世,是我们这一代编志工作者光荣的、义不容辞的责任。因此,当各兄弟单位接到《防洪志》编写任务后,都愉快地表示接受,并克服一切困难按时完成。接下来,如何保证和提高编志质量,又成了难题。因为这项工作牵涉的撰稿人较多,参加本书编写的作者,多是具有丰富黄河防洪经验的专家和长期在黄河防洪第一线参加过实际斗争的领导或专业人员。组织如此众多的专家、学者撰稿、审稿,要求达到内容科学完整准确又不相互重复和矛盾,达到写作水平和体例大体一致,是一件很不容易的事。我们结合《防洪志》的情况,采取了以下措施:

1. 按照修订的《防洪志》篇目,结合各单位情况,进行了合理分工,根据全书的总体要求制定出各篇章的大体字数控制,以便于各编志单位或撰稿人制定和采用相应的存储、利用资料标准。

2. 制定了统一的《黄河防洪志编写规约》(以后演化为《黄河志》的统一"凡例"),对本志的记述内容、编写原则、编排方法、体例要求、文风规范、书写格式等作了统一规定,使分散编写、众手成志的志稿,在编写和使用资料时有章可循。

3. 建立严格的评稿审稿制度,对重大的、在认识上有分歧的问题,通过集思广益,明确解决办法。通过评稿、审稿等手段,交流编纂经验,并在入志资料的整体性问题上进行控制,形成防洪志的整体意识,提高了志书质量。

总之,《防洪志》的成功是动员和协调各方力量,进行群体攻关的结果。

四、锲而不舍,坚持为人民贡献精品

地方志是知识、信息、资料高度密集的精神产品。志书作为"传世之作"要流传到子孙后代,因此,编志工作本身要求我们要树立"精品意识",从内容到外部装帧,都坚持高标准,严要求,力求使我们的每本志书,都成为具有高度思想性、时代性和科学性的上乘精品。

《黄河防洪志》的编纂人员,从始到终坚持了严谨、求实、一丝不苟和精益求精的精神。从 1983 年着手收集资料,1987 年开始写作,至成书历时 8 年,曾三易其稿,从 80 万字压缩至 50 万字,又反复增删修订至 70 万字,经历了艰苦的编纂历程,付出了辛勤的劳动。为了提高志书质量,保证资料的翔实、准确,编写人员不仅查阅了黄委会自存的大量文献资料,而且充分利用了在北京故宫复制的有关黄河的清宫档案 23000 多件,多达 1800 万字的史料,并对这些资料进行了去伪存真、去粗取精的加工。在编写过程中,为使志书更科学、更可靠,总纂人员进行了精雕细刻的修改与加工,审稿人员对志书的内容编排、资料运用、文字表达等各个方面进行了认真的审核。我们还多次组织有关人员走访重大治黄事件的当事人,并进行过一些野外实地调查,做了许多前人从未做过的工作,掌握了大量的最新的一手资料,这本书中凝聚了全国数百位治黄工作人员和治黄专家的智慧和心血,是一笔宝贵的精神财富。在成书过程中,即使一句话、一个数据、一个标点也不放过。有些远在西北各省兄弟单位提供的资料,往往因一个数据产生疑问,需要用发函或电话、电报等通信手段认真进行审核,直到定稿为止。

一个与作者相互合作、配合默契的出版社,对一部优秀图书顺利出版,影响极大。河南人民出版社的领导,将《黄河防洪志》的出版作为重点工程来抓,在各方面的大力支持下,作者、编辑、出版、装帧、校对、工厂

紧密配合,相互合作,共同为出好这部书而努力。美术编辑为取得封面视觉形象好的效果和封面与内容的协调统一,不辞辛苦,亲自到北京,找到第一个全程航拍黄河的摄影工作者,从500多幅照片中,寻觅最佳黄河照。出版部门为这部书精心安排了最好的厂家、最好的材料、最先进的技术设备,在时间紧、任务重的情况下,集中人力、物力,优先安排,终于保证了这部志稿高质量按时出版。

这次《黄河防洪志》的出版与获奖,虽取得了一定成就,但仅是为大型江河志《黄河志》成书开了一个好头。我们还存在许多不足之处,有待于进一步改进提高。更艰巨、更繁重的任务还在后面,我们要动员广大编志人员,再鼓一把劲,使编志工作再上层楼,为向人民贡献更多更好的黄河志精品而努力奋斗!

(原载《中国地方志》1993年第1期)

黄河志——水文化的丰碑

党的十一届三中全会以来，改革开放和国家"四化"建设迅速发展，编纂新的地方志活动在全国蓬勃兴起，出现了新中国成立以来前所未有的"盛世修志"的动人景象。在水利部和黄委会党组的关怀和支持下，新编《黄河志》的编纂工作从 1982 年开始起步，1983 年成立黄河志编委会及总编辑室，接着，各局、院及有关基层单位，也纷纷抽调人员，建立机构，全面开展编纂工作，迄今已有 11 年。

《黄河志》是中国历史上第一次大规模编纂的系列江河志书，它以黄河的治理和开发为中心，用大量丰富、翔实的资料，全面系统地记述黄河流域地理环境、水土资源、河流特性、社会经济情况、人文情况、河道变迁、黄河治理开发的历史与现状等。本着"详今略古"的原则，着重记述中华人民共和国成立以来的治黄成就和经验教训。全书计划 800 多万字，共分十一卷，各卷自成一册。到目前为止，已出版《黄河大事记》《黄河规划志》《黄河防洪志》《黄河水土保持志》《黄河勘测志》等五卷，尚有流域综述、水文志、科学研究志、水利水电工程志、河政志及人文志等六卷正在编纂中，将陆续分卷出版。这套《黄河志》系列丛书，以志为主体，兼有述、记、传、录等体裁，并有大量图、表、照片穿插其中，是一套全面反映黄河治理开发和黄河文化，体现时代特点的新型志书，被誉为绚丽多彩的黄河历史画卷，博大精深的黄河资料宝库，统合古今的黄河知识总汇，气势恢宏的水文化出版工程。

一、黄河修志历史久远

黄河源远流长,历史悠久。黄河流域是我国文明的重要发祥地。自古以来,黄河的治理与国家的政治安定和经济盛衰紧密相关。为了驯服黄河,除害兴利,远在4000多年前,就有大禹治洪水、疏九河、平息水患的传说。作为水文化的重要载体之一的黄河史志,在我国的产生也是相当早的。春秋战国时代的《尚书·禹贡》,就具体记述了黄河河道,距今已经有2000多年的历史。西汉杰出的史学家司马迁在撰写《史记》时,把治河理渠写成了《河渠书》,开创了专篇记河的先声。此后,在班固写的《汉书》中,有以介绍黄河治理为主要内容的《沟洫志》,在北宋以后的历代史书中,又无一例外地都设有《河渠志》,对全国江河、特别是黄河的状况、水利兴废及治河活动都作了比较详细的记载。专门记述黄河的史志,在我国水文化有关文献中占有重要的地位。如元潘昂霄的《河源记》,是我国现存较早的一部记述黄河河源情况的专门志书。清乾隆四十七年(1782年),奉敕纂修的《钦定河源纪略》三十七卷,是我国古代一部记述河源地区情况的重要著述。明张光孝纂的《西渎大河志》、谢启制纂的《北河纪》,清代顺治期间管河主事所纂《北河续纪》等,均记述了大量黄河资料。其他如唐贾耽撰写的《吐蕃黄河录》,宋沈立的《河防通议》,元欧阳玄的《至正河防记》,明刘天和的《问水集》、万恭的《治水筌蹄》、潘季驯的《河防一览》,清靳辅的《治河方略》、张希良的《河防志》、张霭生的《河防述言》,等等,都记载了黄河情况和治河成就,介绍了古代人民的治河经验,丰富了我国历史文献的宝库。特别是从明代嘉靖年间起,在嘉靖《河南通志》、顺治《河南通志》、雍正《河南通志》中,都专列了《河防》一目,专门介绍黄河,使黄河和地方志结合起来,成为地方通志的一部分。到了民国年间,吴泳湘、陈善同等仿照地方志的体例,主持编纂了《豫河志》《豫河续志》《豫河三志》,汇集了河南黄河的历史沿革和民国年间的治理情况,是研究黄河的重要参考资料。

综上所述,有关黄河的史志著作,几千年来连续不断,这些治河典籍,在推动黄河的治理和治河技术的发展方面做出了一定贡献。但是,我们也应看到,旧的黄河史志都是在封建社会和半封建半殖民地社会完成的,必然受到当时的社会条件和科学条件的制约,因而在编纂的立场、观点、方法以及系统性、科学性等方面都存在着不少问题,遗漏和讹误的地方也不少。很显然,这是不能适应当前建设社会主义"四化"的需要的。

在旧中国,也有许多治河专家和学者怀着美好的愿望,希望出版一部全面系统的黄河志,可是在那动荡不安、灾难频仍的年代,中国又有什么条件来编纂、出版这部巨著? 1935 年张含英、胡焕庸、侯德封等三位专家满怀热忱参加撰写黄河志,结果只出版了短短几篇而告中断。

中国共产党领导下的人民治黄工作,从 1946 年冀鲁豫解放区和渤海解放区的治黄斗争算起,迄今已 48 年了。48 年来,特别是新中国成立以来,在开展根治黄河水害、开发黄河水利的伟大斗争中,付出了巨大的人力、物力和财力,取得了伟大的成就,过去被称为"中国之忧患"的黄河,如今已发生了历史性的变化。把这些丰富多彩的治河实践活动,用马列主义的观点和社会主义新志的要求,在总结古今治河经验的基础上,编纂出一部具有时代特色的新型黄河志,是治黄建设发展的需要,也是一项重要的精神文明建设,不仅在推动治黄建设方面具有现实意义,而且给子孙后代也将留下一笔宝贵财富。一条以复杂难治闻名于世的中华民族的母亲河,一部中国人民征服黄河的艰苦斗争史,一个需要黄河安定局面和开发黄河水资源的改革开放的中国,这就是新编《黄河志》诞生的时代背景。当前,我国稳定而快速发展的社会,不仅对巨著的出版发出了呼唤,而且从各方面为其出版提供和创造着有利条件。我们的时代呼唤新编《黄河志》,它的诞生是时代的要求。

二、新编《黄河志》的总体设计及其特点

一部志书是有机的整体,做好总体设计至关重要。黄河是我国第二条万里巨川,是世界著名的大河,如何在一部志书内全面反映黄河的历史

与现状,篇幅既不能过繁,也不能失之过简,是我们着手编纂《黄河志》首先要解决的问题。在志书的总体设计中,我们注意处理好三个关系。

(一)在志书结构上处理好整体与局部的关系。《黄河志》全书共十一卷,是一个整体,有统一的体例和篇目安排,统一的版式和装帧设计。各分卷则是局部,其中有 5 个分卷由黄河志总编室承编,其余 6 个分卷分别由会属各局、院承编。在编纂完成并经反复评审、层层审定后,采取分卷逐步出版的办法。这样做的好处是能够早出成果,及时发挥志书的社会效益。但是也增加了总纂的难度,容易产生文风不统一和内容交叉重复等现象。这就要求总纂者全局在胸,要有整体观念,做到通观全书,统筹安排,删繁补遗,剪裁适体。从已出版的五卷志书来看,注意了这方面的工作,做得还是比较好的,没有出现较大的交叉重复和前后矛盾的现象。

(二)在编写内容上处理好主次关系。在着手编纂《黄河志》的初期,曾有人提出把《黄河志》编成黄河流域各种情况无所不包的一部书。我们没有采纳这种主张,而是坚持确认《黄河志》是以黄河的治理与开发为中心的江河志书,是用大量翔实的资料记述黄河治理以及黄河文化的历史与现状的志书,其他情况只能围绕黄河治理与开发来反映。由于对主次关系作了适当安排,避免了内容的过于庞大和芜杂,使新编《黄河志》成为较详尽地反映黄河特色,能体现时代特点和水文化特征的新型志书。

(三)在编写篇目上处理好统属关系。《黄河志》编纂篇目,目前已经过 7 次大的修订。篇目的更改,反映了编纂者认识的深化和全志整体性的加强。篇目多次更改的实践说明,要搞好篇目设计,就必须从结构性的原则出发,为黄河志的每一部分内容找出它在整个志书体系中的最佳位置。这个位置要归属得当,排列有序,纲目合理,因果彰明。一个内容所放的位置,必须有科学分类和逻辑划分的依据,必须合乎事物的内在规律性,而不是人为的、随意的安排。

《黄河志》应具有黄河特色,这是志书的生命所在,也是志书质量的重要标志。新编《黄河志》为充分体现黄河特色,编志工作者下了很大功夫,对大量资料进行了细致的研究与分析,从中发现它的特点,找出规律性的东西,相对集中篇幅,加重笔墨,去体现它,反映它,一般采取了以下方法:

独特的结构,以体现黄河特点。首先将具有黄河特色的事物,在志书结构层次上,把它突出出来。如黄河防洪,事关大局,黄河防洪的成就举世瞩目,传统的河工技术及其新发展,又是我国的宝贵财富,因而在新编《黄河志》中专设了《防洪志》。又如水土保持是治黄之本,世界最大的黄土高原就在黄河流域。黄河流域的水土保持活动已经有几千年的历史。新中国成立以来,黄河水土保持工作取得了史无前例的巨大成就,对减少入黄泥沙,保持黄河流域良好的生态环境,发展黄河流域工农业生产发挥了重大作用,因而在《黄河志》中又专设了《水土保持志》。再如黄河规划工作由来已久,规模宏大,在中国大江大河的规划活动中,十分突出,20世纪 50 年代全国人大召开代表大会审议通过黄河规划,为历史所罕见。为详细记述黄河治理方略和规划演进的历程,专设了《黄河规划志》。此外《黄河人文志》和《黄河河政志》的设立,也具有独创性。著名历史地理学家、杭州大学教授陈桥驿评价说:"在中国方志史中,不论通志或是专志,还没有看到过人文志的修纂,《黄河志》设此一卷,可以称得上是一种创造。《黄河志》有此一卷,不仅是《黄河志》本身不可或缺的部分,并且可以作为我国方志修纂中人文志的范例,所以具有普遍的意义。"以上将具有特色或在黄河占主导地位的部分立为专志(分卷),这样就留出较大的篇幅,便于充分展开,使读者从志书结构上就清楚地看出黄河特色。

详特略同,抓住重点"浓墨重彩"。"详特"就是详细地记述独特之点,以显示事物的个性。"略同"就是对其他各河流所共有的一些事物,则只作简略的记述。新编《黄河志》在编写中注意了详述黄河和治黄工作的特点。根据对大量资料的分析,这些特点主要是:第一,黄河在我国的地位十分重要;第二,黄河的灾害十分严重,为其他河流所罕见;第三,黄河治理的历史十分悠久,几乎与我国历史同步开始;第四,人民治黄以来,特别是新中国成立后,黄河的治理开发取得了前所未有的巨大成就,这些成就被公认为社会主义制度优越性的重要体现;第五,在长期的治黄历史过程中,有成功的经验,也有失败的教训,即使在新中国成立以来45年的治黄实践中,也有一些失误和教训,不同意见的论争曾长期进行并屡次掀起高潮,充分说明治黄工作任重道远,黄河本身未被认识的领域还很多,治黄事业是一个实践、认识、再实践、再认识的长期过程。黄河这些特点总体来说是贡献大,灾害严重,河情复杂,治理历史悠久,根治任务艰巨。针对这些特点,我们在《黄河志》的编纂中,都予以"浓墨重彩"处理,对其他一些具有共性的事物,该略的就略,这样就使独特之处显得丰满而充实。

三、水文化的一座丰碑

《黄河志》的编纂出版是一项系统工程,是治黄史上的一项盛举,是益于当今、惠及子孙的一件大事。编纂工作伊始,新华社就作了报道,因而引起中外瞩目。党和国家领导人对《黄河志》编纂出版十分关怀,国务院总理李鹏欣然为《黄河志》作序。序中指出:"《黄河志》不仅对认识黄河、治理开发黄河将发挥重要作用,而且对我国其他大江大河的治理也有借鉴意义。"中共中央政治局原委员胡乔木热情题词:"黄河志是黄河流域各族人民征服自然的艰苦斗争史。"全国人大常委会副委员长田纪云,全国政协副主席钱正英,水利部部长钮茂生,原水利部部长杨振怀、副部长李伯宁,著名水利专家张含英,著名历史地理学家陈桥驿等分别为《黄河志》的各分卷作序。田纪云在百忙中亲自接见《黄河防洪志》的编纂及出版工作人员,还当场为黄河志编纂工作题词:"编好黄河志,为认识、研究和开发黄河服务。"方志界著名人士朱士嘉、傅振伦,水利专家郑肇经、陶述曾、汪胡桢,社会名流曹靖华、李準等在《黄河志》编纂期间都给黄河志或题写书名、题过词或写了回信,表达他们对《黄河志》所寄予的厚望和关怀。著名作家、《黄河东流去》作者、中国作家协会主席团委员李準题词写道："坝头柳色，堤外炊烟，河水安澜，人民欢颜"，描绘了一派如诗般的黄河风情。

（一）《黄河志》享誉神州。在广大编志人员努力下，1991年底《黄河志》第一批成果《黄河大事记》《黄河防洪志》《黄河规划志》三卷共180万字由河南人民出版社出版。1992年1月，在河南省人民会堂举行了隆重的《黄河志》出版新闻发布会，在社会上引起较大反响。中央电视台、人民日报社等数十家新闻单位进行了宣传报道，不少报刊及时发表了对志书的评论文章。不久以前，《黄河志》的第二批成果《黄河水土保持志》及《黄河勘测志》共约130万字，又已印装完成，1994年4月25日在古城西安举行了隆重的首发式，陕西省党政领导、在陕的部分中国科学院院士和20余家新闻单位莅临参加，全国政协副主席钱正英致电祝贺，会后新闻媒介作了广泛报道，掀起了新的关于黄河志的宣传热潮。长达70万字的《黄河防洪志》是我国第一部全面系统地记述黄河防洪的历史与现状的志书，也是迄今为止世界上第一部有关著名大河的防洪志。这部书的编者曾沿着1700多公里的黄河故道实地考察，其间历尽磨难；为了提高志书质量，编者不仅查阅了黄委会自存的大量文献资料，而且还查阅了北京故宫复制的有关黄河的清宫档案23000多件1800多万字的史料。在编纂过程中曾三易其稿，用了8个年头，始告厥成。果然，一炮打响，这部志书，以一流的内容、一流的装帧设计、一流的印制赢得中共中央宣传部1991年度首届"五个一工程"优秀图书奖而享誉神州。同时，该书还荣获第六届中国图书奖一等奖、第七届北方十五省区市优秀图书奖、河南省优秀图书一等奖。水利部专门发文件对《黄河防洪志》编志人员进行表彰奖励，河南省委宣传部和黄委会分别对编志人员颁发了嘉奖令。此外《黄河大事记》荣获河南省地方史志优秀成果一等奖，《黄河水土保持志》荣获第九届北方十五省区市优秀图书奖、河南省优秀图书一等奖。在不久前举行的每三年一次的河南省社会科学优秀成果评奖中，已出版的

《黄河志》第一批成果三卷获荣誉奖。正是由于大量编志人员默默地工作、无私地奉献,才换来了这沉甸甸的收获。去年3月中国地方志指导小组在北京中国革命博物馆举办全国新编地方志成果展览,这是全国修志10年来的第一次,黄河志的成果较突出,分量较重,受到大会和观众的好评。

(二)群体攻关结硕果。新编《黄河志》的内容涉及黄河的方方面面和各个科学领域,需要组织和依靠流域各有关单位的专家通力合作。参加《黄河志》各卷撰稿者和审稿者多达数百人,组织如此众多的专家学者撰稿审稿,并要求达到科学内容完整准确又不相互重复和矛盾,达到写作水平和体例大体一致,是一件很不容易的事。可以说,只有在当前政治稳定,经济繁荣,改革开放取得重大发展的时期,才有可能完成这样的系统工程,才有可能把众多人的心智凝聚在一部书上,才能动员和协调各方面的力量对《黄河志》编纂进行群体攻关。实践说明,发挥各单位的智力优势,建立精干有力的编志机构,运用行政手段和权威,理顺编志机构与其他有关单位的关系是有效地组织这项编志工程,保证其顺利实施的关键。

(三)科学性与实用性的统一。《黄河志》是高度密集的黄河知识和文化的载体,是科学的、浓缩的黄河资料集萃,是众多编志工作者含辛茹苦的心血结晶。几年来,已出版的黄河志书,以其系统全面而丰富的内容,深邃而科学的内涵,谨严高雅的格调,庄重朴实的品位以及优美典雅的装帧,受到治黄战线广大职工和广大读者的喜爱。《黄河志》以其科学性与实用性的统一在广大读者中逐步树立了权威。有的把《黄河志》作为工具书置于案头,在业务工作中随时参考;有的图书馆、档案馆、资料室作为重要资料书借阅或存档;有的大、中专院校作为教学必备参考书;等等。几年来,在编志过程中和志书刊行问世后,积极为现实服务取得了显著成效。志书中搜集整理的大量历史水旱灾害资料成果,为防汛、抗旱提供了有益的借鉴和科学的依据。编志工作中提供的不少黄河历史洪水资料,进行古河道查勘所编写的查勘报告等,为有关规划设计工作提供了参考资料。山东黄河河务局的《黄河河道沿岸地质勘探资料》，为济南市的引黄保泉工程所利用，《黄河河口变迁与治理》，为胜利油田和开发黄河三角洲提供了借鉴。已出版的《黄河志》各卷，为黄河经济带开发研究和新欧亚大陆桥经济开发研究，提供了资料依据，同时被反映黄河的影视文艺、音像等作品的创作人员，作为重要基础资料而加以利用。此外，黄河志总编室多年来编印的各种"资料索引"和《黄河史志资料》刊登的众多文章，为治黄各项工作提供了大量资料信息。新编《黄河志》正在发挥越来越大的经济效益和社会效益。有的读者说："《黄河志》是真实权威的文献资料，许多事看得见、讲得清，以它为借鉴用得上、好处多。"目前，已出版的黄河志书已发行到香港和海外。

（四）水文化的一块丰碑。《黄河志》的编纂，促进和加强了治黄职工与黄河两岸人民的凝聚力。新编《黄河志》从宏观到微观，多角度、全方位地提供了黄河治理的历史与现状，以及许多历史背景、文化状况和丰富史料，满足了广大读者多层次的需要。同时，它作为水文化的一块丰碑，发挥着总结和传播水文化的功能。有的老科技工作者购买新编《黄河志》作为珍藏图书准备留传后代；有的自费购买作为母校校庆的珍贵礼品；有的以志书为基础组织开展黄河知识竞赛；有的指定《黄河志》为对职工进行爱国家、爱社会主义和爱黄河的教材。当前，《黄河志》的编纂出版工作仍在加紧进行，广大编志工作者以高度的政治责任感和历史使命感，以极强的精品意识和开拓精神，正继续精心地培育和浇灌着灿烂的《黄河志》之花。人们有理由相信，全面完成《黄河志》编纂大业的日子很快会到来！

（原载《黄河史志资料》1994 年第 4 期）

浅谈江河水利志工作者的学识素养

近年,编纂新的地方志活动逐步在全国兴起,出现了新中国成立以来前所未有的"盛世修志"的动人景象。从我们江河水利志领域来说,情况也是喜人的。为了顺利完成艰巨的编志任务,最重要的是迅速培养具有马克思主义理论修养的专业人员,造就一大批德才兼备的编志人才。为适应这一新的形势,我们广大修志工作者,应努力提高自己的学识素养,踔厉奋发,争取实现学者化。本文仅就这方面的问题谈一点认识,与修志工作者共勉。

古今许多史志人才都具有丰富的学识

我国历史悠久、人才辈出。若干世纪以来,我们勤劳智慧的祖先,创造了光辉灿烂的文化,涌现了大批伟大的思想家、出色的科学家、卓越的政治家、卓荦不凡的作家和艺术家,留下了异常丰富的文化典籍,其中包括种类繁多的地方志书。纵观历史,古往今来,编过有较大影响的史志著作的作者,大都是具有丰富学识的学者。《史记》《水经注》等至今读来仍令人不能释卷,这和司马迁、郦道元等深邃的学问修养、渊博的知识、丰富的实践和杰出的语言表达能力是分不开的。《资治通鉴》的编纂初出于众手,后成于一人,它的宏博精深是司马光和刘放、刘恕、范祖禹等一批学者采取十分周密的计划和正确的编写程序,经过长达 19 年的辛勤劳动的成果。《天下郡国利病书》和《肇域志》的作者顾炎武,是明清之际的著名学者。他学识渊博,对于国家典制、郡邑掌故、天文仪象、河漕、兵农以及经史百家、音韵训诂之学,都有研究。他不仅是我国最早的方志理论家,而且也是抱有经世致用目的,利用大量方志资料,对我国国情进行综合研究并取得巨大成绩的第一人。清初著名学者顾祖禹,继承家学,立志修史。他一方面总结吸收前人的研究成果,另一方面参以个人实践所得,历三十年之功,终于编成一部规模宏大的历史地理著作——《读史方舆纪要》,被当时著名文人魏禧称为三大奇书之一。我国方志学的奠基人、清代学者章学诚的事迹是广大修志工作者所熟知的。他对古方志有较深的研究,又具有丰富的修志实践经验。由于他的努力,使编修方志成为一门专门的学问。著名学者梁启超称他为"方志之圣",他的方志学理论对清代中期以后地方志的编纂产生过积极的影响。其中在学术上有不少见解,对于我们今天新修地方志,仍然具有参考作用。戴震是清代乾嘉学派的著名学者,他学识渊博,对天文、数学、历史、地理均有深刻的研究,是著名的考据大师,在哲学史、学术史上都有卓越的地位。他曾校《水经注》,著有《戴氏水经注》四十卷,并著《水地记》一卷,《直隶河渠书》六十四卷,还主持编纂过《汾州府志》。清代是我国地方志编纂的鼎盛时期,修志工作广泛开展,文人学者积极参与,造成了佳作迭出、志才相继的盛况。除上述顾炎武、章学诚等人外,还有黄本诚、卫国祚、方苞、谢启昆、毕源、孙星衍、洪亮吉等史志学者,都留下了很多传世之作。如乾嘉时期的洪亮吉,一生勤奋好学,穷日著书,老而不倦。他不仅擅长考据,精于史学,而且对沿革地理也有较深的研究。他在陕西、河南、安徽修过八九种方志,一般认为以晚年所修《泾县志》为最佳。近代湖北著名学者王保心,毕生辛勤治学,博览群书,特别留心地方文献和方志学研究,曾著有《方志学发微》一书,在方志学界有重要影响。新中国成立后,他的坟墓被重修,董必武同志曾亲笔题"楚国以为宝,今人失所师"二语,以表墓门。著名学者黎锦熙,不但精于语言文字之学,对方志学造诣亦深,曾先后主纂过城固、洛川、潼关等县志。他所著《方志今议》一书,酌古准今,旁征博引,以其渊博的学识,从理论与实践的结合上,阐明了当时方志纂修的各种问题,对我们今天编志仍有启发和认识意义。当代老一辈方志学家朱士嘉、董一博、傅振伦以及水利史学家姚汉源等,他们都具有丰富的学识和严谨的治学态度。如朱士嘉先生,曾获美国哥伦比亚大学博士学位,五十年如一日,悉心研究方志学。他编的《中国地方志综录》,是我国第一部较详尽的地方志目录,从体例到编辑方法,在当时都是一项创举。近代编纂过江河水利志的著名学者也不乏其人,20世纪30年代有三位著名学者曾编纂过一部《黄河志》,他们是张含英、胡焕庸和侯德封。张含英是我国享有国际声誉的水利专家,曾留学美国,他对治黄有深入的研究和丰富的实践经验,并写有许多论著。胡焕庸是著名地理学家,曾在原中央大学地理系任教,并担任过淮委技术委员会委员,1953年离开淮委前编有《淮河志》初稿,他现任华东师范大学人口研究所所长。在我国水利界有重要影响的《中国水利史》的作者郑肇经,是我国水利界年纪最大的专家。他知识渊博,经验丰富,1924年获德国"国试工程师"学位回国,60多年来,为中国水利教育和水利科研事业作出了杰出的贡献。他专长水利工程,兼长河道整治、海港工程、水文学等,先后有十一部论著出版,有的再版了九次。

古今许多史志人才,他们对史志工作具有惊人的坚毅,对史志事业"生死以之"的执着,不能不使人深为感叹。其中不少人之所以久享盛誉,是因为他们素质优秀,有高度的知识素养。正是这些灿若河汉的史志人才,一代又一代献身于史志实践,丰富着史志的基础理论,推动了史志事业不断前进。当然,出于时代的限制和世界观的局限,他们的史志著作都还有这样那样的不足之处,但他们的深厚学识功底,是他们事业成就的必备条件,这一点可以说是共同的。

提高学识素养是编纂高质量志书的必要条件

志书的质量是志书的生命。人的因素对志书质量高低起决定性作用,要编纂出高质量的志书,关键的因素在于提高修志工作者的思想水平和学识水平。

方志学是一门综合性学科。过去有人称志书为"一方之全史",现在又有人称之为"地方百科全书",这样概括方志学的性质是否全面、准确,虽还值得商榷,但它所反映的方志学的基本属性即"综合性"则是大家所公认的。方志往往囊括了一个地区从自然到社会,从政治到经济、军事、文化等各个主要方面,几乎包罗万象。方志学当今已成为一门具有边缘性质的横向综合性学科。方志的综合性要求修志工作者必须具备十分广阔的知识面。方志的另一基本属性是资料性。通过深入的调查研究形成的每一部科学的志书,都是一个地区经过浓缩的信息库、资料库、情报库、数据库。方志的资料性要求修志工作者知识比较渊博,对大量资料具有筛选能力。方志学同时是一门应用性极强的学科。志书的功能其中重要的一条是它的"资治"作用。过去人们曾称方志为"辅治之书""经世致用之书"。方志学又是一门古老的学科,就其源流而言,深受中国旧学中地学与史学的影响,在长期的修志实践中建立了方志学自身的科学体系。

所谓学识素养就是对修志工作者提出了要求,要深刻认识丰富的知识对搞好修志工作的极端重要性,自觉刻苦学习,以克服知识贫乏的状况,尽量做到:

具有较高的马列主义理论水平;

具有较渊博的学识,知识面要宽;

树立坚毅、求实、百折不挠的治学精神;

培养严谨、一丝不苟、真诚、谦虚和团结协作、乐于助人的学者风度。

修志工作者有了丰富的学识素养,他就可能具备以下能力:

对各种学问的熔冶、提炼能力;

对编志素材的归纳与综合能力;

语言表达能力;

对资料的征集、筛选及鉴别能力;

对修志活动的协调和指导能力。

修志工作者具备了以上各种能力,编纂出来的志书就可能达到高水平,就可能好、快、省地完成新志编纂任务。

当代江河水利志工作者应有的学识素养

江河水利志是系统记载一个区域治水的历史与现状的"百科全书"。它立足当代,突出时代特点,既"详今略古",又"统合古今"。在总结治水的基础上,要充分反映水利事业发展的客观规律。在批判地继承旧方志的传统基础上,要立足于创新。这些都要求江河水利志工作者应千方百计开拓各种知识领域,在编志中充分调动各方面的知识积累。知识库存越丰厚,编纂工作就会越得心应手。

当前,随着江河水利志编纂工作在全国的开展,一支修志专业队伍已经初具规模。由于这是一项新的工作,不少同志都是从工程技术人员或政工、秘书人员等岗位抽调来从事这项工作的(包括笔者自己)。几年来,大家刻苦学习编志业务,孜孜不倦地从事搜集资料及编纂工作,成绩是肯定的。但是,也应当看到,我们目前的知识状况与编纂高质量江河水利志的要求,还存在着相当大的差距。我们不应当满足于目前的水平,而应当看到我们的不足。一个希望写出高质量的志书,企望通过自己编纂的志书对祖国水利事业及"四化"建设做出贡献,并使之成为传世之作,影响子孙后代的人,能不去努力学习、吸收、掌握古往今来的一切积极文化成果吗?! 如果听任知识贫乏的状况存在,"不知有汉,无论魏晋",往往只能"以其昏昏,使人昭昭"。我们提出提高学识素养的问题,只不过是表达一种热望,希望我们江河水利志工作者要有深邃与清醒的历史责任感与社会使命感,用极大的热忱,努力丰富自己的知识。即使实践经验丰富,已经有一定学识素养的同志,也要继续努力读书,以补足"营养"。其实,古往今来,凡有成就的人,都是注重不断补充"营养"的。

那么,江河水利志工作者应从哪些方面来提高学识素养呢? 我想,是不是主要应从以下几个方面着手:

1. 认真学习马列主义、毛泽东思想。这是我们编修新志的指导思想。对马列主义的三个组成部分的基本观点,应当反复认真地加以学习。只有学好马列主义、毛泽东思想,学好体现毛泽东思想的坚持和发展的当前中央领导同志的重要著作,学好党的路线、方针和政策,才能提高我们的马列主义理论修养,才能以马列主义基本观点指导修志实践,使志书处处闪烁着辩证唯物主义和历史唯物主义的光辉,符合时代的要求。

2. 认真学习方志学基本知识。方志学是一门独立学科,它有自身的科学体系。任何一门独立学科都应由三部分组成,即理论部分、应用部分、历史部分。方志学也有它的理论、应用及发展史。我们修志工作者对《方志学概论》《方志编纂学》《方志目录学》《方志整理学》《方志资料学》《方志学发展史》等,都应该结合自己的实际进行通读或选读,目的在于努力掌握志书编纂的客观规律性。同时,对有关江河水利志的理论,以及江河水利志的源流与发展等,也要重点加以学习和研究。如果我们能自觉地遵循这种规律性,努力按照编志的自身规律来进行编纂,就可能求得在有限的时间内编出具有较高水平的志书。此外,对古今的优秀史志著作,著名史志大家的代表作,以及根据新观点、新材料、新方法编写的新志,应尽可能多读一些,以丰富自己的方志知识库存。

3. 认真学习江河水利方面的知识。江河水利志的基本特征是围绕江河的治理与开发,以及某一特定地区水利事业发展的历史与现状的综合著述。江河水利方面的知识越丰富,就越能反映出本专志的显著特征。有的老水利史志工作者深有感触地说:"在深入系统地写水利史时,就感到历史知识不够了,水利工程知识也不够了,往往感到写出来的东西缺乏深度。"这种感叹确是经验之谈。我们中青年修志工作者应该趁着年青,尽可能多地学习和掌握本专业——水利方面的知识,这是一项基本功。同时,为了编好志书,对本流域、本地区的知识也应了解得越多越好。例如长江有长江的知识,黄河有黄河的知识。现在有许多人都在提倡研究"长江学""黄河学"等。编纂《长江志》或《黄河志》也应很好地研究"长江学"或"黄河学"

4. 认真学习历史方面的知识,特别是中国近代史和本流域、本省、本地区的近代史。水利上的重大事件都不是孤立的,是和全国、全省各个时期的重大历史事件联系在一起的。只有了解全国、全省的近代历史,才能把本地区各个时期治水的重大事件,放在全国、全省当时的背景下作出恰当的记述。此外,还要尽可能地多看一些有关历史、地理方面的书,以扩大自己的知识领域。

5. 认真学习新知识、新技术。目前,整个世界面临着"新的技术革命"的挑战。社会信息化问题引起了广泛的关注,信息的重要性越来越被人们所理解和重视。方志与信息的关系异常密切,有人称方志为"一方信息之全书"。我们修志工作者应适应新的形势,对于风行今日世界的三大论:信息论、系统论、控制论,最好应通晓其大旨,以便于改进我们的编志工作。例如根据信息论的观点,克服方志工作中闭目塞听的主观主义倾向,应用最新的科学成果,促进编志工作的现代化,就大有文章可做。又如试用系统论来修志,对于制定好方志篇目和改进整个志书编修,也可得到很多借鉴和启发。

总之,我们要学习的东西很多。修志工作者学识素养的提高是无止境的,博学应成为我们终生追求的目标。提高学识素养的途径除培训、进修和各单位组织的学习外,更重要的是修志工作者坚持日积月累的、有计划的自学。坚持学习就会有收获。鲁迅先生说过："不满是向上的车轮。"经过奋发努力，新的方志学家完全可以从当代修志工作者当中产生。让我们行动起来，在提高学识素养方面狠下功夫，为编纂出无愧于我们时代的江河水利志而奋斗。

（原载《水利史志专刊》1986 年第 1 期）

续修黄河志应争创名志佳志刍议

不久前召开的黄河志第四次编委扩大会,在工作报告中提出了这次续修黄河志的总体要求是"树立精品意识,实施精品战略,出版名志、佳志"。黄河水利委员会李国英主任在这次会上所作的重要讲话中,也提出"续修黄河志一定要坚持质量第一的原则,实施精品战略,争创名志佳志"。

那么,什么是名志佳志? 为什么要争创名志佳志? 争创名志佳志应把握的要领是什么? 这是当前我们大家所关心的也是应该弄清楚的问题。

一、争创名志佳志是新形势和治黄建设的需要

从 20 世纪 80 年代初到现在,中国地方志事业获得了很大发展,修志工作取得了巨大成就。经过 20 多年的努力,基本上完成了第一届修志工作所提出的任务。中国地方志指导小组组长李铁映同志 1995 年 8 月在中国地方志指导小组会议上讲话中指出:"志书质量虽然从总体上讲基本合乎要求,但是具体到每一部志书,参差不齐的现象是很明显的,真正高水平的志书为数不多,提高志书质量依然是一项严峻任务。"他又指出:"要抓名志,指导小组要着重抓好这个环节,真正修出一些名志,通过示范,全面提高志书水平。"1996 年李铁映在全国地方志第二次工作会议上又指出:"名志不多。"2001 年 12 月,他在全国地方志第三次工作会议上的讲话中又指出:"只有具有科学性、文化价值和社会价值的名志、佳

志,才可能流芳百世,为后人所借鉴,为当代人资政。每部志书都是一部学术著作,都是一部精品,这是对新世纪修志工作最基本的要求。"

从我们黄河志来说,经过首届黄河志编纂,黄河志的主体工程、大型系列江河志《黄河志》全书十二卷(包括索引)已全部出齐。此外还完成了纳入省地方志系列的黄河志和地(市、县)黄河志以及黄河专业志等共30多部。这批志书从宏观到微观,多角度、全方位地提供了黄河治理整体和各个局部的历史与现状,以及许多历史背景和丰富史料,为治黄建设的发展起到了一定作用。大型江河志《黄河志》分卷出版以来,以其系统而丰富的内容,严谨高雅的格调,庄重朴实的品位以及优美典雅的装帧,受到广大读者的喜爱。到目前为止,黄河史志成果获得省部级以上奖励已达20多项。

我们虽已取得很大成绩,但绝不应该满足已有的成就。应该看到,距离高质量的名志佳志,我们还有不小差距,圆满完成黄河志大业,仍然任重道远。当前,时间已进入21世纪,新编地方志面临新的机遇和挑战。我们治黄建设也面临着新的问题。进入数字化、信息化的新阶段后,新形势对续修黄河志提出了许多新要求。黄河是一条世界著名的大河,是我们中华民族的"母亲河",也是世界公认的最为复杂难治的河流。黄河的治乱、安危关系着国计民生和亿万人民。近十几年来,黄河上发生了许多治黄史上具有重要意义的事件。一条世界著名的、正在发生着令世人瞩目巨变的大河,呼唤着一部为她树碑立传的名志、佳志的诞生。只有刻意求良,立志致精,才会使志书富有顽强的生命力,保持持续的发展力。因此,续修黄河志必须高起点、高质量,争创名志佳志是迅速发展的新形势的客观要求和治黄建设的迫切需要。

二、树立精品意识,是争创名志佳志的思想基础

什么是名志佳志?所谓名志佳志是指志书中的上品、精品、珍品,是在辩证唯物主义和历史唯物主义指导下,运用多种学科知识编纂而成的;

能准确地反映地情,能充分体现地域特色及地情变化;能随着时代的前进,而将新鲜生动的内容采用新的结构形式恰如其分地表现出来的志书。

在中国地方志发展的历史上,对名志、佳志的求索,古已有之。历史上也出现过不少方志学家公认的名志、佳志。对名志、佳志应具备的基本特征(或构成要素)各家说法不一,有的方志学家(如清代方志学家章学诚)曾将优志归纳为"四要",即"要简、要严、要核、要雅";还有的方志学家认为,作为名志、佳志,应"融独创、辩证、精确、美观、实用于一书";还有的方志学家认为名志、佳志的构成要素应该是:站在时代和历史思想的制高点修志;具有求真、求实、求准、求严的科学精神;具有独到鲜明的个性特色。中共中央政治局原委员胡乔木在全国地方志会议上谈到志书评价标准时,曾指出,"既要实事求是地讲出历史的本然,又要实事求是地讲出历史的所以然","可读、可信、可取"。如果志书能达到这一要求,便可称优良了。

新编地方志评优,从上届修志至今,全国已进行三次。中国地方志指导小组在《全国新编地方志优秀成果首次评奖办法》中,即提出五条标准。其主要精神有:指导思想正确,能贯彻马克思主义实事求是的思想路线和党的方针政策;志书的体例结构科学合理,在继承旧志优良传统的基础上有所创新;志书的内容丰富、资料翔实;能较好地反映地方特色;文字精练、流畅,图表运用得当,印刷及装帧精良大方。此后,1997 年 5 月 8 日中国地方志指导小组二届三次会议通过的《全国地方志评奖实施办法》第四条评奖标准又规定:观点鲜明正确,篇目结构合理,资料翔实准确,时代特点、地方特点和民族特点鲜明,行文朴实、简练、流畅,图表运用得当,全书差错率不超过万分之一。这是当今中国地方志领导部门对优志的要求。至于志书精品,笔者认为,应在优志五条标准的基础上,进一步求精粹、精致、精当、精练、精彩。

《中共中央关于加强社会主义精神文明建设若干重要问题的决议》强调指出:"树立精品意识,实施精品战略。"在续修黄河志过程中,树立精品意识,是争创名志佳志的思想基础。我们应按照李铁映同志"应有创名志、佳志、良志的意识和抱负,写出一批优秀志书来"的要求,大力创造精品,努力创名志、佳志,使我们的续修黄河志成果以科学的内容吸引人,以翔实的河情资料教育人,以更多的精品力作鼓舞人,为治黄建设和社会进步做出贡献。

三、高质量是名志佳志的生命之源

质量是志书的生命。志书中的精品一定是高质量的志书。质量也是志书发挥效益大小的决定因素。

高质量志书必须是思想性、科学性和资料性高度统一,地方特色鲜明,具有很好使用价值的志书。我们修志工作走到今天,已进入以质量取胜的全新阶段。志书应当更好地发挥自己"一方之全史"的优势,更加讲究外延的广阔性和内涵的深刻性,更加讲求资料的权威性和多方面的适用性,不断提高志书的影响力,以自己独特的质量品牌来服务社会。

高质量的志书应当是信息量很大,信息质量最优,信息时效最长的志书。若能为广大读者提供更多更科学更有效的黄河信息,形成志书的独特风格和优势,志书就拥有更强大的生命力和更广阔的发展空间。

高质量的志书应该是一部有鲜明个性特色的志书。独到的思想意蕴,精严的科学精神,合理而具有独创性的设计,个性化的记述风格和语言风格,是一部优秀志书的特质所在。独到鲜明的个性特色,是一部名志、佳志的科学精神和科学思想的集中体现。这就需要修志者具备较高的思想境界,具有洞察现实和历史的心智和眼光,具有高尚的敬业精神和深厚的文字功底。

要做到志书的高质量,必须强化精品意识,切实把质量摆在第一位。一定要提高修志队伍的素质,把质量观念贯穿于修志工作的理念设计、资料收集、体例安排、文稿撰写、编审出版等全过程,每个环节、每道工序务必精益求精,严格把关,以制作出真正经得起社会检验和历史考验的志书精品。

四、努力把握争创名志佳志的要领

争创名志佳志是一个良好的愿望和奋斗的目标,要把这个愿望和目标变成现实,需要付出艰辛的劳动。那么,把握哪些要领,才能有利于争创名志佳志呢？现初步提出以下几点,仅供参考:

(一)加强组织领导,创造优良的修志环境

历史证明,领导重视和坚强的组织领导是保证修志工作顺利完成的重要条件。首届黄河志编纂的成功经验应很好地继承并发扬光大。如"行政首长主办,各方密切配合"的编志格局,"老中青三结合"的编审体制,特别是优良修志环境的营造,对创造优良修志成果,影响尤大。领导要多方解决和保证修志工作的办公条件、经费以及修志工作者的政治、生活待遇、职称评定、生活福利等问题,为修志工作创造优良的外部环境和内部环境,使他们无后顾之忧,使大家心往一处想,劲往一处使,始终有节奏并紧张有序地工作,这是争创名志佳志的基本条件。

(二)提高素质,充分发挥人才的主观能动性

纵观历史与当代修志,精品的产生,均与修志工作者的高素质有关。所以,培养和造就更多高素质的修志工作者,是提高修志质量和实施"精品战略"的当务之急。李铁映同志在全国地方志颁奖大会上提出"名人修名志,高水平的志书需要高水平的人来修"的号召。确实,历史上许多名志佳志出于专家学者之手,但是,专家学者有许多也是在修志实践中锤炼出来的。在续修黄河志工作开展以后,应加强培训和经验交流工作,多方面为提高修志者素质创造条件。要充分发挥黄河志工作者的主观能动性,鼓励他们刻苦钻研有关业务知识,努力拓宽知识面,不断提高自身素质。我们黄河志工作者应该有这样的雄心壮志,在壮丽广阔的续志工作中,把自己锻炼成为高素质的修志人才。

（三）突出创新意识，搞好继承与创新

续志是在首届黄河志编纂基础上的续修，因此，应当继承首届志书的体例结构、章法体式、记述方法等。但又不能沿袭过去的老套子，要在续修过程中突出创新意识，使志书质量有新的提高。这次续修黄河志在总结过去修志经验的基础上，吸取借鉴各家志体之长，决定采用篇章节与条目结合体，这是在篇目结构形式上的创新。它既取篇章节体具有整体性与严谨性之长，又避免了其形式呆板、不好归类的缺陷，同时还吸收了条目体的结构灵活、利于编写的长处，也克服了单纯条目体平起平坐、主次不分的弊端。此外，在续修的体例上、结构上、内容上及图表运用上等方面均可结合实际加以创新。

（四）坚持严格的评审制度

应吸取首届黄河志编纂把好志稿评议关、坚持严格审稿制度的经验。续修初期，可先写出试写稿进行观摩评议，以便取得经验。然后进入初稿撰写。初稿写出来后，需要多次评议、修改才可能逐步完善。首先可认真组织自审、修改，使志稿具备较好的评议基础。评稿可采取分评和总评的做法，即先按完稿的篇、章分别作评议、修改，待全稿完成后，进行总的评议、修改。参加评审的一定要有领导、专家或熟悉本专业的行家里手、知情人和修志人员。评稿会事先要做好充分准备，开会要充分发扬民主，会后要认真总结、筛选，对修改意见要择善而从，一定要把评稿会开出水平来。

总纂工作对志书质量优劣具有决定性意义。对总纂工作应做精心组织和充分准备，鉴于本次续修承编单位众多，可考虑实施总纂工作分级负责制。

严格的审稿制度是保证志书质量的重要环节，应严格执行"三审定稿"制度，经过反复评审，反复修改，精雕细琢，使志稿质量逐步"优化"。一部名志佳志，往往不是一蹴而就，而必须经过反复修改、不断增补和深加工的过程，有的甚至要经过长期的努力，才能臻于完备。其间，在众多领导、专家学者的评议和参与下,体例上的多方借鉴,资料上的旁搜远绍,史实上的精心考证,编纂上的意匠锤炉,都是必不可少的。只有付出如此大量的劳动,方能修出名志佳志,这已为方志发展史所证明。

(五)实施修志工作现代化

当前,计算机的应用在我国已经进入多个领域,它在实现工作手段电脑化、网络化,对大量信息的存储和查阅,提供了更便捷的手段。地方志编纂是一项门类多、信息量大的工作,资料的搜集整理、分门别类,按照拟订的篇目、规范化的体例来进行,并且有统一的时空界限,很适宜用计算机来处理资料。计算机不但可以避免资料丢失,还为分类查找资料、编写志稿节省了时间和精力,因此,应尽快实现编纂手段现代化。利用现代科技成果和手段上机、入网,还可考虑将来出音像版、制作志书网页和光盘等等。修志工作者必须尽快学好计算机理论与应用,数据库处理等新知识,并应用于续修志书工作中,使它对提高志书质量和成志速度、争创名志佳志发挥更大的作用。

(原载《黄河史志资料》2003 年第 2 期)

强化质量意识　严格把好质量关

——浅谈黄河志的质量问题

"质量是志书的生命"，"质量问题既是修志工作的起点，又是修志工作的归宿"。这是修志工作者的共识，也是各级领导反复强调的重要问题。我们编修的志书，是为了借鉴过去，指导现在，预测未来。但志书因质量差而不管用、不敢用，令人起疑生畏，其寿命是不会长久的。志书质量的优劣，关系到我们国家、单位和修志工作的声誉。因此，质量意识应贯彻到工作的全过程，特别是在修志进入定稿、出版阶段，更需要反复强调质量问题，对存在的问题，应引起高度重视，采取必要的措施，完善各个环节的责任制度，严格把好质量关，这是我们修志工作者面临的艰巨任务。

黄河志编修工作，经历了将近十年的时间。在黄委会各级领导和各部门的大力支持下，在许多兄弟单位的协助配合下，投入了大量的人力物力。在漫长的时间里，参加黄河志工作的同志，有的已由中年进入老年，有的青年已过了而立之年。大家含辛茹苦，在干中学、学中干，不畏艰苦清淡，不为名利所惑，为修志工作付出了大量的劳动，取得了丰硕的成果。当前黄河志工作已全面进入评稿、审稿和出版阶段，也是黄河志关键的阶段。在搜集资料和编写阶段，我们抢了时间，提出初稿，这是应当肯定的。没有这个基础，就谈不上现在的质量问题，更谈不上编志任务的全面完成。对已经进行的大量工作和取得的成果，可以毫不夸张地说，是前所未有的，是可以引以自豪的。但是，我们也应当保持清醒的头脑，不能盲目乐观,需要正视困难和问题,看到我们工作的差距,千方百计做好工作,解决影响志书质量的各种问题,这样才可能达到黄河志观点正确、体例完善、资料翔实、文字精练、特点突出、版面优美等全面的质量要求。

下面我们联系接触到的初稿、送审稿和出版工作中的感受,谈一些关于志书质量的看法,目的在于引起同行的注意,以便共同探讨,把黄河志的质量问题处理好。

一、篇幅的控制

不少志稿普遍存在字数比原计划多的问题,有的经过评审、修改后,膨胀问题仍然解决得不够好。

一般情况下初稿可以不受计划的严格限制,撰稿人尽量把搜集到的资料编写进去,以便经过征求意见加以选择。但是指导思想不能是愈多愈好,多了就是内容丰富。开始在研究篇目、规划各卷各篇内容的时候,除了考虑篇目的合理性之外,还根据全局的内容安排和各卷记述内容在治黄事业中的位置,考虑了篇幅问题,对卷、篇的字数都有一个大体的控制要求。这样做是必要的,否则不该长的冗长了,势必难以达到精练的要求。

有些志稿根据评审意见,在修改补充时,执笔的同志认真进行了加工,本着精益求精的原则,对初稿的字数也下了一番去粗存精的功夫,该保留的则保留,需要删除的则毫不怜惜,凡是这样做的,都比较精练,为主编总纂和出版工作奠定了良好的基础。但有些志稿的编写者不仅没有很好地考虑篇幅的控制问题,文字显得拉拉杂杂,并且修改过程中仍没有狠下功夫,该精简删削的没有删掉,把矛盾交给了主编,增加了总纂工作的难度和工作量。有的主编在总纂时呕心沥血,敢于负责,决心很大,该砍该删的大都进行了处理,从整体看基本符合规划的目标,文字也较精练。但是有的主编则由于受各种因素的干扰,对篇幅问题要求不严格,甚至有思想顾虑和迁就照顾的情绪,对志稿中的有些篇章没有进行必要的压缩,显得不够协调。

处理篇幅的控制问题,是一举两得的好事。一方面可以使文字水平得到提高,更主要的是能够比较好地克服"资料搬家"的毛病,强化志书著述性色彩。我们的黄河志是专业性志书,资料性强是其一个特点。治黄的古今资料汗牛充栋,运用得体可以提高志书的质量,若缺乏认真的筛选,成为庞杂的资料堆砌,势必会影响志书的质量。因此,"资料搬家"的毛病,在修改时早处理,比总纂时处理要主动得多。

篇幅长难处理,这有编写的水平问题,也有认识问题。有的认为志书是资料书,文字多就是资料多,就是翔实,就是丰富。这是一种误解。出版的志书不同于编志前期的资料长编,资料长编基本上是包罗万象的,直接的或间接的,对目前编志有用的或无用的,均可以汇入,作为资料保存下来,供各方面参考使用。而志书则不同,把无足轻重、层次过低,不能反映事物本质的资料收录到志书中去,挤掉以致淹没了重要资料,就冲淡了有价值的资料的作用。同时,衡量修志工作的最终成果是产品——志书,而衡量产品的优劣,不是量的标准,而是质的标准,即不是看志书文字的多少,而是看志书的使用价值。所以说能用较少的文字就能表达其意的话,当然比冗长繁杂的文字的叙述更能体现志书的质量要求。

二、文字差错

有人把志书中的文字差错,比喻为"硬伤",认为在志书的各种差错中,"硬伤"是一种常见病、多发病。这种情况在黄河志各阶段的志稿中也是存在的。

(一)错别字问题

1. 同音字混淆——如"弯"与"湾"混同,把"河湾"和"以湾导流"的"湾"字写成"河弯"和"以弯导流",把"裁弯取直"写成"裁湾取直"。湾,是指水流弯曲的地方。如河湾、海湾等均应用"湾"字;"弯",是指物体弯曲的程度,如道路弯曲不直,河道弯曲等,则应使用"弯"字,"裁湾取直"

应为"裁弯取直"。

2. 地名错误——把"陶城铺"写成"陶城埠","泺口"写成"洛口","濮阳"写成"洑阳"。这种差误,有的是缺乏考证,习以为常,人云亦云;有的则是凭主观臆想,随心所欲地去写。如"濮"字音"葡"(pú)是县名和姓,而"洑"字读音有两个,一是音"伏"(fú),意为"水流回旋的样子",二是音"赴"(fù),意为"在水里游"。它们的读音不同,意思也毫无关系。这一差错不仅在文字表述中存在,在一些图表中也有。

3. 形似字误用——这种情况较多,如把"覆"写成"复","侍"写为"待","堤"写成"提","傅"写成"付","己"写为"已",等等。这种误用完全改变了文字的原意。

(二)逻辑错误

有些志稿在这方面表现得很突出,文字比较粗糙,甚至成为笑话。如有章志稿中有一句话说:"人畜等重要物资上避水台"。它的错误在于"人畜"之间须有顿号。再者,"人、畜、物资"三者之间在概念上相互排斥,谁也不包含谁,是一种对立关系,而原句则把"人畜"包含于"物资"之中,形成一种从属关系,因而犯了逻辑错误。后来把它改为"人、畜及重要物资上避水台",就比较通顺、恰当了。

(三)简略不当

有的把简称用错,如黄河流域各省区的简称,有些志稿写为"甘、宁、蒙……",这是不对的。内蒙古自治区简称的正确用法是"内蒙古",而不能写为"蒙",因此在并列省区的简称时必须写为"青、甘、宁、内蒙古、晋、陕……"等,这在中国地图出版社出版的《中国地图册》和《中国分省公路交通地图册》等图书中均有明文规定。有的志稿缩写名称不当较多,如把"兰州第二毛纺织厂"缩写成"二毛厂",把"兰州石油化工机器厂"缩写成"石化厂"等,既没有冠以地名,也看不出是什么性质的工厂,令人莫名其妙。

有些志稿在纪年、称谓、计量、行文格式、标点等方面不统一、不规范的问题,也是到处可见的。

我们的志稿多数是出自众人之手,由于笔者的岗位、文字修养、工作习惯有很大的差异,所以完成的志稿在文字方面表现出的问题是比较多的。这种群体性著书立说的特殊性,不可避免地产生上述问题,但编志工作的严肃性,"志属信史"的权威性,又要求我们必须认真对待,非下决心避免和解决这些问题不可。因此,不能以任何的借口推卸庄严的职责,原谅自己的草率作风。

从发现的问题看,有些是知识性造成的,这需要我们在编志过程中要虚心学习,扬长避短,对不熟悉不懂的东西要学习,不断地充实自己,提高驾驭文字的能力。但有些是责任心问题,很明显的差错大都属于这方面的原因。有篇志稿中,在一百多字的一段文字中,随意简写的错误就有八处,如把"渠"写成"讵","宽"写成"弃","灌"写成"沃","量"写成"男",为志稿留下了隐患。要解决文字中的问题,首先是承担编写任务的同志把基础工作搞好,本着精益求精的精神,从资料的翔实到文字的正确上都要下劲,不能有依赖主编去把关的思想。而主编在总纂时则应以同样的精神去处理志稿中存在的问题,逐字逐句地进行认真仔细的审查,大问题不放过,小问题不疏漏,由此及彼,前后对照,这样做就能把绝大多数文字问题解决在出版之前。

三、图表的配置

志书中的图、表,是志书内容的重要组成部分,特别是像我们黄河志这样的专业志,需要有许多图表与文字相呼应,以示其意、尽其详,充实志书的内容。但是这里存在一个如何运用的问题。如果运用得科学合理,既能提高志书的质量,又能体现志书形式的美观,但运用不佳,则会影响志书的使用价值。

黄河志一些志稿大都重视图表的运用,有的志稿用得还比较好。但从实际情况看,还存在一些问题。

(一)表格过多

一些志稿有以表代文的现象。志书作为读物,应该是以文字表述为主,除非是不用表不足以反映事物本质的时候,才可以用。然而有的志稿却不然,表格多达几十个,有的一个表与续表累计占了十几个页码。有的表不是统计数字,是资料,读起来很不方便;有的表是大量的统计数字,栏目繁多,项目过细;有的表与志书的规格不相称。

(二)表格的差错率高

主要表现是表与正文、总计与小计、分项与小计不符。有的表这类问题相当突出。编写时照抄照搬,有抄错的,也有原来就存在错误的,但编写后没有及时逐表逐项、横的竖的进行复核。

(三)表题要素不全,设计不美观

规范性的表格是由表题、表体和表的说明三个要素组成,规范性的表题由时间、地区(单位)和主体词三个要素组成。但有些表不符合这种要求,而且设计不科学,贪多求全,造成拥挤或空白多,影响美观。另外也有表无名称的现象。

图的设置,正式出版时,在卷首集中一组图片的形式较好,这组图片以概括地反映本志的基本内容为主,印制精美,有良好的效果。已有志稿多没有在正文中使用图片的,正文中主要使用对正文作注解性的黑白线示意图。缺点是有些忽视对图的精心设计,图片与形式不够精美。有的图检查不细微,有漏字和错别字。

在层层审阅志稿的过程中,有的同志对图表的审查有所忽视,在出版过程中进行处理就比较被动了。这是一个经验教训,值得引起注意。

四、引文问题

志书是资料性著述,大量使用古今文献资料是它的一个重要特点。尤其是黄河志使用的文献资料更多,特点更突出。用的资料多,又用得恰当,志书的实用价值就越高;使用不当就会影响志书的质量,降低志书的信誉,因此,这是需要慎重处理的一个问题。

从已编写的黄河志稿中看到,引用文献资料有这样几种常见的问题:

（一）引文过长

有的志稿引用的文字较多,用引文替代了作者的叙述。由于有些引文多是文言体,数字使用的是汉字,引文长了阅读不便,文风也不协调。

（二）引文不完整、不准确

有的引文差错多,有文字有误的,也有标点有误的。同样的一段话出现几种志稿不一致的现象。有的该用引号的没有用,而有的是编写者按资料的原意概括的话已不是引文却用了引号。这种做法给人以混乱的印象。

（三）转引造成错误

一些志稿在编写时需要引用文献资料,为了图省事,手头有什么资料随手拿来就用,没有查找原著。这种转引的方法潜伏着一种危险,因为有些著作引用时就发生了差错,以致将错就错,又造成本稿的错误。在治黄的著述中,对《禹贡》中关于导河积石的那段话,处处可见引用,但多不一致,大都是这种原因。

（四）引用的版本层次低,缺乏权威性

多卷本黄河志,都是立足全河性的高度看问题的,但有的却引用一些基层治黄单位志稿中未经认真核实的资料,既容易发生差错,又会使读者、用者感到说服力不强并产生怀疑。

志稿引用资料是一种严肃的事,需要各个环节把好关口,但是还没有引起应有的重视。有的在写稿时没有追根溯源,甚至还有凭印象靠记忆信手下笔的,有些引文不准确、出差错,原因就在这里。写稿的同志是第一关,不能依赖审稿人一一查对,这是很难办到的。凡必要的引文,一般要查找原著,特殊情况转引的,一定要有分析,不可轻信。主编在总纂,其他同志在审阅志稿时,均要对引用的资料进行审查,对引文要同其他文字一样进行编审,进行必要的查对,必要时向编写志稿的同志提出复查校对的要求。在出版、校对时对有的疑点仍应进行必要的核对。《黄河防洪志》在出版过程中，由于这样过细地进行了工作，就解决了一些比较隐蔽的问题。

五、审稿与出版

黄河志在审稿和出版两个环节上，均有实践并取得一些经验，我们从正反两个方面的经验中认识到审稿与出版工作是保证志书质量的极为重要的步骤。

多数志稿在完成初稿后，都采取了群众性审稿措施：一种形式是把打印的初稿分送给有关部门和同志，请他们审查提出修改补充的书面意见；另一种形式是召开评稿会，邀请一些熟悉情况、具有专长的同志，对志稿进行面对面的评审。这种审稿方法，体现了修志工作的开放性，能够在更大范围内广泛吸取各方面的意见，使局限在编辑室内难以解决和发现的有些问题较好地得到了处理，也有利于编写与总纂人员开阔思路，集思广益，提高修改和总纂水平。实践证明，凡是时间、经费等条件许可的单位，利用这种形式审稿是必要的，均收到良好的效果。

但是实践也证明，群众性的审稿只是一种初级的形式，要真正保证志稿的质量，达到出版要求，关键在总纂阶段对志稿的审查。在总纂过程中，处于主导地位的主编是关键的岗位和关键的工作环节。从许多志稿的状况看，凡是主编工作到位的，志稿的水平就比较高，主编工作不到位的，志稿遗留的问题就比较多。因此，不仅在形式上看每部志稿是否明确了主编人选，而更重要的是落实主编的工作，切实履行其职责。总纂一般应由一位主编加工总成，全书的政治观点、体例、口径、引文规范等都要靠主编总纂统一，整体与局部交叉重复，也要靠总纂者妥善处理。在这里有个经验教训告诉我们，有的志书是数人组成的总纂班子，凡是这种组织形式的，必须有一个主编发挥主导作用，避免"主而不编，编而不主"。发挥主导作用的主编，要通览全书，从头到尾斟字酌句，反复推敲；其他参加总纂的人员,则要分别负责某个侧面的审查把关。主编工作极为重要,要搞好总纂阶段的工作,需要及早进入角色,从前期指导到后期总纂,一贯到底,做到心中有数,任务明确,责任明确,把精力集中到志稿上来。

为保证黄河志整体质量,黄河志编委会需要改革审稿制度,建立能够保证志书质量的工作机制,统帅全志的定稿与出版工作。各卷主编单位总纂的志稿达到"齐、清、定"的要求后,送交黄河志编委会统一审定,负责出版。由黄河志编委会的办事机构——黄河志总编辑室,明确专人进行审稿和发稿工作,在总编室完成审稿工作后,由编委会领导审定送出版社。

在审定和出版志书的过程中,黄河志总编辑室与各承编单位,需要同心同德,密切配合。经验证明,这是善始善终地完成编志任务的重要条件。编志单位从送交总纂的志稿到印刷出版的过程中,还有大量的工作要做,主要是:检查志稿遗漏的问题;处理黄河志编委会在审查志稿中提出的问题;参与校对工作;准备发行等。黄河志总编辑室承担审稿、发稿工作的同志,在各卷志稿评审和总纂工作阶段,就要接触志稿,参加评审工作,加强与编志单位和出版社的联系,把主要精力转向审稿和出版工作。

黄河志的审稿工作实践比较多,而出版工作则刚刚开始,经验还很少,需要努力探索。但从已接触到的工作感受说,把志稿交出版社后绝非万事大吉,有许多工作还要做。《黄河防洪志》书稿交出版社后,主编高克昌同志对留存的底稿进行了反复的检查,待到校对时把检查发现的问题进行了改正。在校对过程中,他亲自参加校对工作,除负责某些篇章的分校,又抓通校,每次校对工作结束后,利用印刷厂改错期间的空隙,又对前一校的校样再看,不厌其烦地进行了大量的工作。功夫不负苦心人,这样又纠正了志稿遗留的及前校时没有发现的不少隐蔽性的难点问题。有些同志忽视校对工作,以为这是照稿子办事,谁都可以承担。其实不然,凡亲临其境,深有体会的同志,都感到选择具有专业知识、编辑经验、文化素养高、责任心强的同志参加校对工作的必要性。从已出版的志书实践看,素质不同的人校对工作的质量大不一样。

　　现在黄河志工作已经进入关键阶段,修志工作的重点必须转移到保证和提高志书的质量上来。我们相信,把黄河志编好,这是修志同志们的共同心愿,大家也一定会再接再厉,不畏辛苦,为圆满完成黄河志的编写出版工作奋斗到底。

　　　　　　　　　　　　　　　（原载《黄河史志资料》1992 年第 1 期）

编修《黄河志》的历程及经验体会

一、编修历程

1982年6月,水利电力部在武汉召开会议,部署江河水利志编写任务,迄今已近15年。1983年黄委会成立了黄河志编委会及黄河志总编辑室,并在各单位领导的关怀和支持下,迅速抽调干部分别设立了河南和山东黄河河务局、勘测规划设计院、中游治理局、水文局、三门峡水利枢纽管理局、水利科学研究院等单位的黄河志编辑室。在这些常设的编志机构中,集中了一批熟悉黄河情况、知识比较渊博、实践经验比较丰富,有较高思想、业务水平和较强写作能力的行家里手,并吸收了一批具备条件的离退休干部参加这项工作。各编志部门所建立的编委会,一般均由这些单位的现职行政领导挂帅;还研究决定,以后历任黄委会主任也同时担任黄河志编委会主任,黄委会主任如有更迭,黄河志编委会主任也随之易人,这样黄委会修志就形成了"行政首长主办,各方密切配合"的格局,有力地保证了编志工作的顺利开展。

黄河志编纂工作的开展,是从完成河南、山东两省交给的编志任务入手的。黄河志总编辑室和山东河务局黄河志编辑室首先集中力量分别完成了《河南黄河志》《山东黄河志》两部专志,然后在此基础上按两省省志的要求,又提炼、编写完成了《河南省志·黄河志》《山东省志·黄河志》。这两部志书在1993年9月中国地方志指导小组举办的全国志书评奖中,均荣获全国新编地方志优秀成果一等奖。两部省志的编纂,为大型江河志《黄河志》的编纂积累了资料,锻炼了队伍。

1986 年 5 月在济南召开的黄河志编委会第二次扩大会议,总结了河南、山东黄河志的编纂经验,安排部署了大型江河志《黄河志》的编写工作。1988 年 11 月,在西安召开了黄河志编委会第三次扩大会议,初步总结并进一步安排《黄河志》编纂工作,并表彰了先进。水利部有关领导在会上提出了"抓住重点,集中力量完成防洪志的编写工作,争取近期内修志工作有新的突破"的要求。在黄委会领导的重视和关怀下,黄河志总编室组织了近百位专家和编志人员群体攻关,在河南人民出版社的积极配合下,终于在 1991 年底推出了《黄河志》第一批成果《黄河防洪志》《黄河大事记》《黄河规划志》三部志书,共 180 万字,并于 1992 年 1 月在郑州举行了隆重的首发式,通过新闻媒介在社会上作了广泛宣传。不久,田纪云副总理在郑州接见了《黄河防洪志》的编纂及出版工作人员,并为黄河志工作题词:"编好黄河志,为认识、研究和开发黄河服务。"接着,《黄河防洪志》于 1992 年 5 月荣获中共中央宣传部首届"五个一工程"优秀图书奖,是"五个一工程"入选作品中的唯一志书。在水利界和历史地理界、方志学界引起强烈反响。水利部专门发文对编志人员进行表彰奖励,河南省委宣传部和黄委会也分别对编志人员颁发了嘉奖令。《黄河志》编纂工作出现了重要的突破。

《黄河志》首批成果的巨大社会效应,鼓舞了广大黄河志编纂人员,他们再接再厉,乘胜前进。于 1994 年 4 月推出了第二批成果《黄河勘测志》与《黄河水土保持志》,1995 年 4 月推出了第三批成果《黄河人文志》,1996 年 10 月又推出了第四批成果《黄河水文志》《黄河水利水电工程志》《黄河河政志》。以上每批成果推出,均举行了首发式或新闻发布会,及时在报刊、广播、电视上进行了报道,并发表了不少的评介文章,一次又一次地掀起了宣传黄河和黄河志的热潮。到目前为止,《黄河志》原规划全书共十一卷,已出版了九卷,共 620 多万字。尚有《黄河流域综述》和《黄河科学研究志》两卷志书正在编纂中,将于 1997 年出版。

《黄河志》的编纂出版是一项系统工程,是治黄史上的一大盛举。编纂工作伊始,新华社就向国内外作了报道,因而引起中外瞩目。党和国家领导人对《黄河志》编纂出版十分关心,国务院总理李鹏欣然为《黄河志》作序,全国人大副委员长田纪云、国务院副总理姜春云、全国政协副主席钱正英、水利部部长钮茂生、水利部原部长杨振怀以及国务院三峡工程建设委员会原副主任、水利部原副部长李伯宁,著名水利专家、水利部原副部长张含英,中国科学院、中国工程院院士张光斗,著名历史地理学家陈桥驿等分别为《黄河志》各分卷作序。

新编《黄河志》以黄河的治理和开发为中心,用大量丰富、翔实的资料,全面系统地记述黄河治理开发的历史与现状。全书以志为主体,兼有述、记、传、录等体裁,并有大量图、表及珍贵的历史和当代照片穿插其中。它是高度密集的黄河知识和文化的载体,是科学浓缩的黄河资料集萃,是众多编志工作者含辛茹苦的心血结晶。新编《黄河志》的内容涉及黄河的方方面面和各个科学领域,组织数百名专家学者撰稿审稿,并要求达到内容完整准确又不相互重复和矛盾,是一件很不容易的事,《黄河志》各卷的陆续顺利推出,是黄委会组织众多专家学者进行群体攻关所结出的硕果。为了保证资料的翔实、准确,十多年来,编志人员摘编资料两亿多字,不仅查阅了黄委会自存的大量古今文献资料,而且充分利用了在北京故宫复制的有关黄河的清宫档案23000多件,以及兄弟单位提供的资料,并对这些资料进行了去伪存真、去粗取精的筛选和加工。在编志过程中,编志人员还多次走访重大治黄事件的当事人,并进行过多次野外实地调查,掌握了大量第一手材料,从而在自然与社会、历史与现状、深度与广度上突出了全书的资料性,保证了《黄河志》的质量。几年来,已出版的黄河志书,以其系统而丰富的内容,深邃而科学的内涵,严谨而高雅的格调,庄重而朴实的品位以及优美典雅的装帧,受到广大读者的喜爱,并在为治黄建设服务方面取得了显著成效。其中《黄河防洪志》除获中宣部"五个一工程"奖外,获第六届中国图书奖一等奖、第七届北方十五省区市优秀图书奖、河南省优秀图书一等奖。其他已出版的如《黄河人文志》等志书,分别获河南省首届"五个一工程"优秀图书奖、北方十五省区市优秀图书奖、河南省优秀图书一等奖、河南省地方史志优秀成果一等奖及河南省社会科学优秀成果荣誉奖等。《黄河志》获得的省部级以上奖励已达15项。目前,已出版的黄河志书已发行到香港、台湾和海外。美国国会图书馆为收藏《黄河志》,曾委托美国驻华大使馆派专人来郑州购买。一些国内外学者来郑州访问,指名要到黄委会黄河志总编室来拜访,借以交流黄河史志研究方面的有关问题,并购买《黄河志》书籍。新编《黄河志》在精神文明建设和治黄建设中,正在发挥越来越大的作用。

二、经验体会

(一)坚持"分卷出版"的出书体制与"分灶吃饭"的经费投入机制

鉴于《黄河志》编纂出版工程浩大,需时较长,而治黄和国家建设又迫切需要这部巨著尽早出版的现状,《黄河志》出版采取了"统一规划,分卷出版,严格评审,保证质量,加强总纂,众手成志"的出书体制。在"统一篇目,统一凡例,统一版式,统一装帧"的原则下,按治黄门类设立各分卷,在内容上保持相对独立。采取"分卷出版"的好处是能够早出成果,争取更广泛的读者群,及时为现实服务,发挥志书的社会效益,扩大编志工作的影响,鼓舞编志人员的士气。但是,也增加了总纂的难度,容易产生文风不统一和内容交叉重复等现象。这就要求总纂者全局在胸,要有整体观念,做到通观全书,统筹安排,删繁补遗,剪裁适当。从已出版的九卷志书来看,注意了这方面的工作,做得还是比较好的,没有出现较大的交叉重复和前后矛盾的现象。

《黄河志》原规划共十一卷,其中有五卷(大事记、流域综述、防洪志、河政志、人文志)由黄河志总编辑室承编,其余六卷(水文志、勘测志、科学研究志、规划志、水土保持志、水利水电工程志)分别由委属各局、院承编。这些局、院均为经济上独立核算的单位。他们承担编志任务后,建立机构、抽调人员、提供办公条件、安排人员福利待遇以及编志的前期工作经费,均由各局、院负责。志书评审定稿后的出版经费,由各局、院上报黄委会,核定在各局、院事业经费中戴帽下达解决,也就是我们通常说的"分灶吃饭"。这样做的好处是:既有利于加强管理,调动各局、院的编志积极性,加强责任感,又避免了由黄委会统一承担造成财力支付过于集中的现象,是适合黄委会情况、有利于"早出书、出好书"的一种经费投入机制。

(二)深化编志工作改革,认真推行"承编责任制"与"主编负责制"

为适应改革形势的需要,黄河志编委会从1988年5月起,将修志工作纳入目标管理轨道,结合编志实际建立"黄河志承编责任制",由黄委会与各承编单位领导签订"承编责任书",实行"四定",即定任务、定质量、定时间、定奖励,并及时督促检查。承编责任制实行以来,由于把修志工作的指令性任务与各单位的目标管理相结合,对编志工作起了很大推动作用。与此同时,黄河志总编辑室作为黄委会直属处级单位,每年年初与黄委会主管主任签订《目标责任书》,年终接受考核。黄河志总编辑室从1988年黄委会实行目标管理以来,已陆续6次被评为目标管理先进单位,并于1992年及1996年召开的两次全河劳模大会上被评为黄委会机关的先进集体,受到表彰奖励。

一部志书编纂的进度与质量如何,主编起着极为重要的作用。坚持推行"主编负责制",是实现《黄河志》总体优化的关键。《黄河志》各卷的主编,都是经过精心选择,由具有较高政治素质和业务素质并熟悉黄河情况的专家担任。黄河志编委会和总编辑室多方面为各卷主编履行职责创造有利的工作条件,对他们提出了严格的要求。主编们在编志实践中,也表现了强化志书质量的精品意识、十分严谨的科学态度和对今人后世高度负责的敬业精神。他们严把政治关、保密关、史实关、体例关和文字关,精心处理交叉重复,加工文字,潜心总纂,一直到各卷志稿定稿付印后的校对工作,都一丝不苟地完成,从而保证了志书的质量和编纂工作的有序推进。

（三）努力创造稳定、和谐、有序的编志外部环境与内部环境

修志是一项综合性的著述活动，也是一项艰苦的脑力劳动，是一项浩繁的系统工程。黄委会领导从编志工作开始，就针对修志工作的特点，把为修志创造一个较好的外部环境作为重点来抓。在建立编志机构时，注意发挥各单位的智力优势，运用行政手段，确立编志机构的恰当地位，理顺编志机构与其他相关部门之间的关系，力求避免推诿扯皮等不良现象的发生；对编志人员在职称评定、工资福利、奖金发放、住房分配等方面与其他职工一视同仁，解决了他们的后顾之忧。同时，随着编志工作的进展，修志成果陆续出版，逐步增加对黄河志经费的投入，保证了工作的顺利进行。黄委会及各局、院领导对修志人员政治上信任，业务上帮助，生活上关心，工作上放手。在编志指导思想与大政方针方面与编志人员共同研究商定，有关编志的重大活动，领导积极参加；但在具体编纂业务方面领导则不过多干预，使他们放开手脚，充分发挥主动性、创造性。实践证明，领导主动理顺各种关系，创造一个稳定、和谐、有序的外部环境，既有利于早出成果，提高志书质量，又有利于人才的锻炼成长。

修志内部环境的优化，也是编志工作顺利开展的重要保证。在这方面，各编辑室在充分发挥党支部的核心堡垒作用，领导干部和党员以身作则、模范遵守职业道德，以及加强思想政治工作等方面，做了大量工作。这期间还先后开展了学雷锋、学焦裕禄和学习修志先进典型燕居谦的活动，涌现了许多好人好事。大家思想上形成一股劲，工作上拧成一股绳，抵制了社会上一些不良思潮的冲击，团结协作，有任务就上，有荣誉就让，有困难就帮，共产主义道德风尚进一步发扬。

《黄河志》编纂以来，始终注意充分发挥老同志的作用，实行老、中、青三结合。老同志淡泊名利、"视事业重如山，视名利淡如水"、"不用扬鞭自奋蹄"、"不编好黄河志死不瞑目"的奉献精神，大大鼓舞教育了年轻人。年轻人也十分尊重老同志，虚心向他们学习。同时，总编室及各编辑室领导采取业务上培养提高，工作上放手压担子和组织老同志传帮带等

措施,在修志实践中培养锻炼了一批有较高素质的编志人才,不少年轻人已成为黄河志编纂工作的骨干力量。

(四)认真贯彻"团结修志"方针,积极搞好与兄弟单位、出版社及地方史志部门的合作

在《黄河志》编纂中,沿河八省水利厅(局)、有关工程局、科研单位、大专院校协同配合,为《黄河志》编写提供了不少有价值的资料,并积极参加审稿,对保证志稿质量起了很大作用。如电力部水电第四工程局,宁夏、内蒙古、甘肃、山东、青海水利厅(局),陕西三门峡库区管理局、山西汾河水利管理局等单位,还直接承担了编志任务,并及时完成。黄委会与流域内各兄弟单位协同修志,互相不讲名位,不计稿酬多少,认真履行修志协议,充分体现了团结修志的新风貌,受到水利部有关领导的表扬。

出版社是志书优化质量、进行包装、走向社会的重要关口。《黄河志》进入出版阶段以后,总编室特别重视搞好与出版社的合作。《黄河志》的出版单位河南人民出版社的领导,认识到《黄河志》这部巨著的出版是一项意义深远的开拓性工作,是一项"功在当代、惠及后世"的精神文明建设工程,因而把它列为出版社的重点,社长、总编亲自抓,坚持把社会效益放在第一位,投入了大量人力。承印《黄河志》的河南新华一厂将该书定为创优产品,在时间紧、任务重的情况下,集中人力、物力优先安排,保证了各卷志书高质量按时出版。总编室与出版社、印刷厂相互帮助,配合默契,这种有成效的合作,保证了出版工作的顺利进行。

中国地方志指导小组的许多编志信息或指示,都是通过地方史志部门下达的。黄委会驻地在河南,河南省地方史志编委会对黄委会编史修志有帮助指导的责任。《黄河志》编纂工作开展以来,黄河志总编辑室始终注意加强与河南省地方史志编委会的联系与合作。位于济南的山东黄河河务局、位于三门峡市的三门峡枢纽管理局和位于西安的黄河上中游管理局,与山东省、三门峡市和陕西省地方史志编委会的合作关系也搞得很好。实践证明,这种合作对黄河志工作者扩大视野、提高编志水平和志

书质量，扩大志书影响都是大有裨益的。

综上所述，《黄河志》编纂工作取得一定成绩，有一些经验体会，是在水利部、黄委会及各级领导和兄弟单位的关怀、重视和支持以及广大编志人员的努力下所取得的。当前，《黄河志》编纂还存在不少问题。保证《黄河志》浑然一体及高度准确性、科学性，争取今后的志书一部胜过一部，任务仍很繁重，总纂及校核工作难度很大；随着修志人员的陆续离退，修志力量愈显薄弱；各编志单位之间发展也不平衡。黄委会根据不久前召开的全国地方志第二次工作会议和中央领导李鹏、李铁映在会议上的讲话精神，结合黄委会实际，制定了《黄河水利委员会黄河史志工作"九五"规划和 2010 年远景目标规划》，经委领导批准，以黄委会文件名义印发委属各单位。《规划》明确了今后 15 年黄河史志事业发展的指导思想，提出"面向 21 世纪再创佳绩，使黄河史志工作再上一个新台阶，使黄河史志成果以科学的内容吸引人，以翔实的河情教育人，以丰富的精品鼓舞人，为治黄事业、为国家经济建设和社会主义精神文明建设做出更大的贡献"。通过积极努力，创造条件，使"黄河志总编辑室成为黄河史志和黄河年鉴的编研中心、黄河流域江河水利史志的收藏中心及黄河史志、河情信息的咨询服务中心，成为弘扬黄河文化的一个阵地"。

面对新的发展时期，黄河志工作者深感任重道远，决心再接再厉，艰苦奋斗，为实现"九五"规划和 2010 年远景目标，为繁荣黄河史志事业，承上启下，开创未来，再创辉煌！

（原载《长江志季刊》1997 年第 1 期总第 49 期）

开展试写研讨是提高志书质量的好办法

《河南黄河志》是河南省通志中的一部专志。它是以河南省黄河河段为主,表述河南黄河的特点及认识黄河、改造黄河、开发利用黄河水沙资源实践活动的历史与现状的一部志书。编纂工作,以黄河志总编室和河南黄河河务局为主,黄委会所属设计院、水文局、水利科学研究所、黄河水利学校等单位共同撰稿。从1983年8月制订编纂大纲,进行篇目分工以后,即开始搜集资料,历时半年,到1984年3月以后,陆续进入试写阶段。截至1984年11月,已写出试写稿32节,共30多万字,占全书的60%左右。为了提高编纂质量,黄河志编委会于1984年11月下旬,在郑州召开了《河南黄河志》试写稿研讨会。会议邀请了河南通志编辑部、河南省社会科学院历史研究所和河南省水利、气象、交通、地理、地震等各专志编辑室的负责同志参加。长江志总编室和松花江志、辽河志编辑室的负责同志也应邀参加会议。河南省地方史志编委会和黄委会的负责同志都到会并讲了话。

《河南黄河志》共分概述、建国前治河概况、建国后黄河治理、治河机构、人物及教育工作、大事记等5篇,下分16章,共56节。这次提供研讨会审查的试写稿,有的已成"章",有的是单"节",内容涉及各篇各种类型的都有。到会同志在阅读初稿的基础上,分别从不同角度对试写稿提出了宝贵意见。首先从试写稿的总体上发表了各自的看法,认为试写稿的基础是好的,篇目结构比较合理,资料比较丰富,归属比较得体,基本上突出了河南黄河的特点。接着用4天时间对各个章节试写稿进行了深入讨论。大家本着高度负责的精神逐章逐节地进行推敲,做到了言之有物,同时提出了具体修改办法,甚至一个错字、一个标点符号也能一一指出。在审议试写稿的同时,理论联系实际,对专志如何反映行业特点,如何体现黄河特色,怎样更能符合志体等方面进行了研讨,为进一步修改好志书提出了许多中肯的意见。

到会同志在集体审议中,紧紧抓住了以下三个重点:

1. 审核补充资料,力求符合史实。史料齐全、翔实是确保志书质量的基础。到会同志根据自己所了解的情况和掌握的资料对试写稿中所列各项资料,认真进行了审核,做到有错即纠,有漏即补,有疑即问,一丝不苟,畅所欲言,从而纠正了一些差错,补充了一些史料。特别是河南省水利志、地理志、交通志编辑室的负责同志,他们逐字逐句地进行推敲,对某些重要数字,要查问来源依据及其计算方法,引用的资料是否可靠,计算方法是否正确无误,都尽量弄清。这次审稿的过程也是一次核实、鉴定、补充和筛选资料的过程。

2. 研讨篇章结构,力求归属得体。在核实、补充史料的同时,大家对篇章结构提了不少意见。如试写稿中有"河南黄河大事记",不少同志认为,既然《河南通志》有了"大事记",黄河专志的"大事记"似可不要,以避免重复,还可以节省篇幅。有关河南黄河的大事,可以通过"引言""概述""治黄方针"等章节加以叙述。又如试写稿第二章"水沙资源及其利用",采取了综合叙述的方法,大家提出应将"水沙资源"和"开发利用"分开来写。河南省交通厅的同志提出,《河南黄河志》编纂大纲中缺少"黄河航运"方面的史料,应予补充。再如"水源保护"试写稿放在"概述"篇内,不少同志认为不合适,提出改放在"建国后黄河治理"篇中。关于图表的运用,也提了一些意见,作了具体研究。有的试写稿图表过多,分类过细,影响志书的可读性,大家认为应予删减或合并。

3. 研究专志特点,力求反映黄河特色。专志的特点就在"专"。黄河专志最重要的在于能反映出黄河的特色。大家在审稿中注意了如何更好地反映黄河特色的问题。对"黄河水沙特性"的写法大家着重进行了讨论。有的提出试写稿中对高含沙水流写得过简,应进一步充实加强。黄河干支流控制工程是建国以来治黄成就的一个重要方面,是探讨治黄经验教训的关键,也是《河南黄河志》中的重点章节之一。这一章共分"三门峡水利枢纽""花园口枢纽的兴建与破除""伊河陆浑水库""洛河故县水库"四节。工程志究竟怎样写?既不能写成"工作总结",又要避免写成"技术报告"。在这方面既缺乏经验,也没有样板可循。在审稿中大家对此着重进行了讨论,既肯定了试写稿的成绩,又指出了不足,并提出不少具体修改意见,为进一步修改好志稿创造了条件。

我们体会到开展试写研讨,确是志书编纂过程中必不可少的程序,是提高志书质量的好方法。我们的做法是:

1. 会前要物色好审稿人。事先我们专门到河南省地方史志编委会汇报,得到省志编辑部的大力支持。省志编辑部负责同志专门给我们推荐审稿人。选择的大都是和我们黄河业务有关、对编志有研究又有一定实践经验的行家里手,因而提出的意见比较切合实际,保证了研讨会的顺利进展。

2. 做好准备工作。为了明确志书质量标准,弄清审稿要求,事先曾复印了全国一些著名方志专家和领导人谈志书质量标准的文章、讲话,发到黄委会各编志单位进行学习。同时,在会前将试写稿印发给与会者,让他们有充裕的时间阅稿。会上,着重介绍了试写稿的编写过程、指导思想与体例等使与会者明确审稿的目的和要求。与会者所有的发言,均予录音,便于修改志稿时参考。

3. 紧紧抓住中心,边审边议。在研讨会过程中,主持会议的同志要善于引导,使大家抓住中心,围绕重点,积极发表意见,深入细致地做好审议工作。

会后,集中大家意见,对原编纂大纲再次进行了修改,制订了《河南黄河志》编纂大纲(第五次修订稿)。这个"修订稿"印发后,参加编志的许多同志普遍反映:新"大纲"简明扼要,语言精练,用词准确,分类科学,安排合理,更加符合河南黄河实际,为编纂高质量志书奠定了更好的基础。

（原载《水利史志专刊》总第 6 期）

关于省志·江河志的编纂

江河志是省志中以江河为记述对象,以江河治理、水资源开发利用为记述中心,全面反映流域自然地理及有关的社会经济、人文发展情况的分志。我国古代就有以一条河流为记述对象的专志。本届修志,有的省根据实际情况,除水利志外,还设了江河志。这对了解江河在本省社会及国民经济发展中的独特作用,研究江河变化及其规律,评价水资源开发利用和水利工程的成败得失等,都具有重要意义。

一、江河志的内容

关于江河志的内容,前几年在编写人员中曾产生过一些不同意见和争论。争论的焦点是江河志的记述范围问题。一种意见认为,江河志作为专记河流的分志,是以江河流域的自然区域为对象,记述范围应包括江河的整个流域。另一种意见则认为,江河志既然是专记一条自然河流的分志,就一定要突出这条河流,记述范围应限于河流本身的事物。经过争论,意见逐步趋于一致。1987年5月,中国江河水利志研究会颁布的《江河志编写工作暂行规定》,对江河志的内容提了四项,并说明以第三项为重点:(1)江河流域的自然面貌和特征,及其对人类社会发展的作用和影响。(2)江河流域社会经济概况以及在国家建设中的地位和作用。(3)水旱灾害以及本江河的治理开发、水资源的综合利用和保护的历史和现状。(4)江河流域治理规划、水利工程、水利科学技术发展、水政、治水人物事迹等。

以上内容,主要是针对独立成书的江河专志而言。至于省志中的江河分志,因流域的自然面貌、社会经济概况、水利科技及人物等,有关分志已有记述,为避免重复,江河志可只围绕江河本身来记述,凡与河流息息相关的事物要详写,凡与河流关系不甚密切的方面可略写或不写,以体现"分志贵专"的原则。

省志中江河志的主要内容,一般包括以下几个方面:(1)江河的自然面貌与变迁,包括地理位置、江河的形成、水系特征、河流特征、水文情势、河流自然变迁、洪水灾害等。(2)江河的自然资源,包括水、水能、水运、水产资源等。(3)江河治理开发的基本工作,包括综合查勘、水文测验、地形测绘、地质勘探、水力资源的普查、江河的科学考察、规划工作、江河治理的科学研究及实验工作等。(4)江河治理开发的历史与现状,包括堤防修建、水库建设、壅水建筑物(闸、坝、桥)修建、河道整治、引水与提水工程、水资源保护等。治理开发是江河志的重点篇章,一般应着重记述开发治理江河的各种主张、治河方略及其所体现的规划治理思想的演进;工程的实施及成败得失;江河治理工程的经济效益与社会效益,江河治理对本省国民经济发展所发挥的作用;重大防汛抢险与其他重大江河治理活动。(5)河政,包括江河治理的机构、治河职工队伍、主要治河法规、投资、重大水利纠纷的处理等。

总之,江河志既要避免修成单纯的部门志,又不可囊括流域百科,修成一部"流域通志"。正确地把握其外延范围,是编好江河志的重要问题之一。

二、江河志的篇目设置

江河志的篇目设置,一般应符合以下原则:坚持横排竖写,做到横排类目,以类系事,竖写内容,纵述始末,彰明因果,符合逻辑;分合得法,归属得体,体现特点,详略得当,重点突出,布局匀称,标题简短精练,用语准确。

江河志的篇目，一般分概述、自然概况、河流特征、主要灾害、治理的前期工作或基本工作、治理情况及河政等篇章。江河志篇章的划分，要因地制宜，精心构思，在编写过程中根据资料情况还要反复修改，以臻完善。下面以《河南省志·黄河志》的篇目设计情况，说明篇目设置中应掌握的要点。《河南省志·黄河志》是《河南省志》中的一部分志，在篇目设计中首先研究了河南段黄河和治黄工作的特点，主要有：第一，黄河在河南的地位十分重要，在相当长的历史时期内，河南黄河两岸地区不仅是河南而且是全国的政治、经济、文化中心，河南境内黄河的治乱往往与历代的政治安定和经济盛衰紧密相关。第二，黄河的灾害十分严重，为其他河流所罕见，而在河南省尤烈。第三，黄河治理的历史十分悠久，几乎与我国历史同步，河南治黄活动有历史记载的可追溯到 4000 多年前。第四，新中国成立后，在河南境内进行了规模巨大的治黄工程，中外瞩目的治黄规划第一期重点工程——三门峡水利枢纽工程就在河南。

根据上述特点，编纂者确定采取"今古兼顾，详近略远，以今为主"的原则，并考虑到与水利志的分工，基本上是按照"利、害、治"这条主线来安排篇目。"利"就是从根本上说，黄河是一条有利于中华民族的河流。"害"就是在漫长的历史时期内，由于黄河得不到有效的治理，给人民造成严重灾害。"治"就是黄河的治理，特别是新中国成立后所开展的大规模治黄斗争。根据这条主线，《河南省志·黄河志》的篇目按照《河南省志》采用多编多章体的布局，设置为：概述、河流特征、改道决溢、勘测及泥沙研究、河防工程、水库工程、引黄兴利、黄河防汛及河政共八章。每章之前设无题小序。

三、江河志编写中应注意的问题

（一）充分反映本省江河的特点

为把江河的特点表现出来，一是要写好江河水利的专业特色，二是要写好流域的地方特色。这就要求编写人员进行全面广泛的调查研究，包括深入的历史考察研究,要在研究江河水利内在矛盾特殊性上下功夫,如江河自然条件的特殊性,江河水利时、空特殊性,江河治理活动上的特殊性等。通过本省江河与他省江河的比较分析,认真发掘和选择本省江河带有独特性的内容。为突出这些特点,撰写时可采用"规格升级""浓墨重写""动态显示"等方法。"规格升级"即将本省江河中最有特色的突出的事物在篇目安排上提高档次,与领属它的事物并列。如《河南省志·黄河志》为突出反映历史上黄河的严重水灾,便将"改道决溢"单列一章,使其与"河流特征"并列。"浓墨重写"即将本省江河有特色的方面多用笔墨,详细记载。"动态显示"即着力写好历史发展,从人物活动、社会变迁等动态的记述中充分显示地方特色。

(二)既要掌握详今略古,又要坚持统合古今

江河的形成与变迁,是流域地理和人类活动两方面因素作用的结果,集中反映了江河的自然特性和人类活动对江河的巨大影响。江河的每一次重大变迁,也必然导致地理环境的巨大变化,从而影响到社会的发展——加速或延缓社会发展进程。江河志运用"统合古今"的写法,就能更好地反映出江河的形成与变迁。这对人们认识本省江河,探索本省江河的演变规律,研究社会发展,总结历代治水的成败得失,具有重要意义。同时,也可以为今后江河水利事业的宏观决策提供借鉴。

(三)要加强宏观记述

从近年已写出的江河志稿来看,内容上往往技术性的记述多,数据多,一般性的记述多,而忽视宏观决策的记述,忽视对事物的全貌和整体进行归纳和分析,缺乏反映事物规律性的综合记述。为加强宏观记述,首先,要充分反映治水指导思想的发展演变历程;其次,要充分反映党和各级人民政府在江河水利事业发展中的领导作用,充分反映社会主义制度的优越性;最后,要充分反映"除害兴利,造福人民"的水利工作宗旨、人民群众在治水活动中的创造力以及所做出的巨大贡献。

为克服宏观记述质量不高的缺点,还要注意写好"述"体。

第一，写好概述。江河志的概述，不应是书中诸编内容的简单缩写，而应是高度概括和精练，要抓住重大的关乎全局的事项和内容，准确地表现本省江河的大势和总貌，从宏观上综述史迹、彰明因果、评价得失、阐明规律，达到提要钩玄、高瞻远瞩、揭示精华、启迪读者的作用。

第二，在各篇章之首适当增写无题概述（或称无题小序），用简短的文字来综合、分析、评述某一部类事物的全貌和规律。对一些规律性的东西，也可以用画龙点睛之笔，予以论断或提示。这样更有助于读者加深对事物本质属性的认识。

（四）要精心写好江河水利工程

在江河治理中工程很多，江河志只记载重点的或有典型意义的工程，而且要紧紧围绕江河治理来写。撰写时应掌握以下要点：第一，全面记述，突出特点。要以工程历史发展为主线，在概述工程发展过程和全貌的基础上，突出记述最能体现本工程特色和优势的方面，突出记述最能反映本工程发展变化本质和规律性的材料。第二，写出工程的发展变化，展示时代的风貌。运用历史的叙述方法，即动态的写法，把工程所在地的自然、社会情况、工程缘起、建设经过、经营管理等发展变化的整个面貌反映出来，这既能说明该工程在时间进程中体现出来的客观规律，又能反映该工程在不同阶段的时代特征。第三，写好水利工程建设经验。这些经验不是教科书和规范里所提到的设计施工要求及具体做法，而是这些基本理论在与本地区的实际情况相结合时所遇到的问题及解决的方法。记述工程效益时要实事求是，对过去的资料应做校核，为后人留下真实可靠的数据。第四，记述技术问题应注意语言的科学性和可读性。记述水工设施，语言要形象、准确，前后分类要一致。对于施工新技术及科研成果，要做适当的有根据的评价记述，不得随意夸大或臆下断语。水利工程中技术术语较多，记述时要适当通俗化，以提高可读性，使多数读者能看懂。

（原载《省志编纂学》，齐鲁书社 1992 年版）

浅谈《河南黄河志》的编纂

　　《河南黄河志》是河南省通志中的一部黄河专志,是以河南省黄河河段为主,表述河南黄河的特点及认识黄河、改造黄河、开发利用黄河水沙资源实践活动的历史与现状的一部志书。从1983年8月制订编纂大纲,进行篇目分工以后,即开始搜集资料,约历时半年,到1984年3月以后,陆续进入试写阶段。到目前为止,已搜集了有关资料1000多万字,写出试写稿40多万字,占全书的80%左右。1984年11月下旬,经邀请河南省志编辑部及省社会科学院历史研究所和河南省水利、气象、交通、地理、地震、卫生等各专志编辑室负责同志和长江志、松花江志及辽河志负责人参加的《河南黄河志》试写稿研讨会,对写出的试写稿进行初步审查,认为试写志稿的基础是好的,篇目结构比较合理,资料比较丰富,归属比较得体,基本上突出了河南黄河的特点。目前,根据会议所提意见,本着严格掌握成志标准精神,正对这部分试写稿进行认真的修改补充,并抓紧撰写尚未写出初稿的章节,预计上半年试写稿全部完成,在进行全书总纂后,争取下半年印出初稿。在短短的一年半时间内,写出全书80%左右的初稿。我们的体会是:

一、"众手成志"是编纂新志的基本方法

　　一部专志包括的门类很多,光靠一两个单位完成几乎是不可能的,必须由各业务单位分别撰稿、共同协作完成,即所谓"众手成志"。《河南黄河志》纵贯古今,横的包括治黄基本工作,黄河干支流控制工程、下游防

洪、引黄淤灌与城市供水,工程管理、计划财务、器材管理等治黄的各项业务。如何发挥各单位的积极性,科学地组织与发挥各部门的力量,便成为有节奏地完成编志任务的关键。在这方面我们主要抓了以下三个环节:(1)组建机构。组织机构是搞好编志工作的基础,为编纂黄河志工作的需要,在各单位领导的重视和关怀下,各单位迅速抽调干部,组建了修志机构,河南黄河河务局建立了编志领导小组,设计院、水文局、水利科学研究所、黄河水利学校等单位分别建立了编辑室或编辑组。河南黄河各修防处段有的抽调专人建立了编写组,有的明确了专人负责。据统计,河南从事编志工作的人员最多时达230多人,形成了自下而上的网状编志,有力地保证了编志工作的开展。(2)合理分工。根据《河南黄河志》编纂大纲,按照业务熟悉、掌握情况、占有资料、机构健全等条件,选择最佳承编单位,对各个章节进行合理分工,向各承编单位下达了篇目分工的通知书,规定了时间、质量方面的要求。黄河志总编室主要承担引言、概述、社会经济概况,古代、近代和解放战争时期的治黄情况、治黄方针、治河机构、治河人物和大事记及志书编纂始末等章节。由于分工合理,在任务分配上做到了扬长避短,各得其所。(3)协调发展。根据编志进展情况对篇目分工进行适当调整,及时总结经验进行交流,同时对编志中产生的问题认真研究,帮助解决。

二、发挥老同志作用是编好志书的必要条件

治黄斗争有着悠久的历史,党领导下的人民治黄也已40多年。治黄战线上的许多老干部、老专家、老工人身经几个时代,了解熟悉许多治黄重大事件,充分发挥他们的作用非常重要。为此采取了以下措施:(1)各级编志班子实行老、中、青三结合而以老、中为主,黄河志编委会也吸收了一部分离休老同志担任委员。(2)发动老同志撰写治黄回忆录,已向150多位老同志发出了约写治黄回忆录的信件。组织老同志审阅志稿,许多老同志表示,愿将有生之年献给修志事业,他们不顾年老体衰,奋力写作,

决心为治黄事业和子孙后代留下这份宝贵的遗产。（3）积极采取措施，抢救"活资料"。鉴于这项工作带有刻不容缓的紧迫性，各编志单位纷纷以只争朝夕的精神，派出专人，携带录音工具，对一些老干部、老专家、老工人进行访问，有的老专家在医院病床上接受了来访，搜集到了许多宝贵的历史资料。（4）加强同老同志的联系，经常给他们发刊物，发参考资料，提供编志信息。还利用春节等节日召集他们开座谈会，征求他们对编志的意见或建议，如著名水利专家、水利部原副部长张含英听说要编新黄河志，早在1983年4月就亲自给我们写信，语重心长地提出了对编纂黄河志的想法，以后又多次接见我们派去访问的同志，提出了许多宝贵建议。（5）对老同志中的编志积极分子，及时予以表扬，宣传他们的事迹。如设计院测绘处高级工程师李凤岐，现已72岁高龄，办了退休手续，但他热心修志工作，身虽退休不停步，一心扑在修志上，以只有0.2微弱视力的双眼，克服种种困难，每天和同志们一样上下班，晚上还经常加班加点，坚持写志两年多，已写出《黄河测绘志》初稿约30万字，为《河南黄河志》提供了丰富的资料。我们多次表扬了他的事迹，并在《黄河史志资料》刊物上发表了报道他的事迹的文章。我们还给热心修志的老同志召开纪念会，如最近黄河志总编室召开了黄河志编委、黄河志总编室原主任徐福龄高级工程师从事治黄工作50周年和赵聚星技师从事治黄工作60周年纪念会，表彰他们在半个多世纪的漫长岁月里献身治黄事业，并在70多岁高龄仍孜孜不倦地从事黄河志编纂工作的光荣事迹，黄委会的领导同志也参加了会议。到会同志认为这个纪念活动体现了尊重知识、尊重人才、尊重老一辈治黄工作者的精神，纷纷表示要学习两位老同志"老骥伏枥，壮心不已"和"不用扬鞭自奋蹄"的精神，学习他们不计名利、不计报酬，严以律己、乐于助人，热情培植新人，注意提携后进的品德和"视名利淡如水，视事业重如山"的高风亮节，把编志及各项工作搞得更好。

三、刻苦学习编志业务是提高编志人员素质的必由之路

新编方志是一种具有特定体裁的著述。志不同于史,它在内容、体例和编写方法上,与史都有区别。更不能把它写成工作总结、技术报告之类。我们参加编黄河志的同志都是第一次搞,没有经验,而且过去多是工程技术人员或行政秘书人员转行,很容易走过去技术报告、工作总结的老路。为了切实做到"三新""两性",使所写的东西符合志体,保证志书的高质量,必须刻苦学习编志业务,提高编志人员的业务水平。我们提倡每周业务学习制度,经常组织大家认真学习方志学的基本知识以及兄弟单位修志的先进经验。选派人员参加省地方志编委会和水电部举办的修志人员培训班或讲习研讨会,积极参加河南省地方史志协会及中国江河水利志研究会、中国水利史研究会的多种学术活动,参加长江志、海河志,山东、河南、内蒙古水利志,都江堰创建与发展及交通部内河航运史研讨会等几十个会议。设计院黄河志编辑室还派专人到北京市水利局及湖北、湖南等省学习修志经验。此外还购买了不少工具书、参考书及报刊等进行学习,录制了许多方志学家学术报告并组织播放。通过上述活动,交流了经验,增加了知识,丰富了见闻,提高了业务水平,培养锻炼了一批年青的修志人才。

四、重视信息交流是推动编志的重要手段

我们的时代正在经历着一场信息革命。信息在当前国家"四化"建设中正在发挥巨大的威力,它的作用正越来越被人们所理解。当前修志活动已在全国普遍兴起,并逐步掀起热潮,出现了新中国成立以来前所未有的动人景象,形势十分喜人。全国地方志刊物就有数百种。我们江河水利志系统也出有刊物20多种。当前出现的极其活跃的信息交流,为我们获取各方面的信息创造了极为有利的条件。我们在编志工作中,通过各种途径,力求及时掌握三个方面的信息,即资料方面的信息,上级指示精神及修志动态方面的信息和修志业务经验及成果方面的信息。为了提

供信息、推动编志工作,我们编印了内部刊物《黄河史志资料》,从 1983 年 9 月创刊以来已出了 7 期,为广大读者提供了古往今来有关黄河的百科知识和历史资料,同时也为广大治黄职工开展热爱党、热爱社会主义、热爱治黄事业的教育活动提供了生动教材。此外,不定期的《黄河史志参考资料》(油印本)也出了 4 期。设计院黄河志编辑室还编印了《修志论述选录》,发行会内外各地,为宣传编志工作、传播编志信息起到了一定作用。通过交换刊物,约请提供资料信息等方法和全国 10 多个省地方志,20 多个省区市水利志和长江、珠江、淮河、海河、松花江、辽河等江河志及有关省市图书馆、档案馆、博物馆、大专院校等建立了联系,获取了信息。

由于我们及时掌握了上级指示精神及修志动态方面的信息,从而及时了解中央及省委领导同志对地方志工作的要求,中国地方志指导小组及省地方史志编委会的有关指导意见,使我们终始保持清醒的头脑,用正确的指导思想从事编志工作。及时了解各地各方的修志动态,使我们耳聪目明,做到胸有全局,互相促进,互相推动。我们在工作中注意发挥信息的作用,逐步改善了信息环境,加强了信息交换,从而活跃了我们的思想,开拓了我们的思路,并逐步提高了资料搜集及编志工作的效率,尝到了甜头。实践使我们认识到,重视和发挥信息的作用,确实是"好、快、省"地完成编志工作的一个重要环节。那种关门修志、闭目塞听的方法实不足取,那只能导致思想停滞,孤陋寡闻,视野狭窄,坐井观天。在这种思想环境下编出的志书也难免内容贫乏,格调低下,难以满足党和国家的要求。

五、开展试写研讨是提高志书质量的有效途径

1984 年 11 月下旬,当《河南黄河志》已写出试写稿 30 多万字,占全书的 60% 左右时,我们及时召开了《河南黄河志》试写稿研讨会,对试写稿进行初步审查。省地方史志编委会对会议很重视,邵文杰主任亲自参加了会议。会议开了5天,大家本着高度负责的精神,对试写稿逐章节地进行推敲。在提意见时都是开门见山,有的放矢,做到了言之有物。同时还提出来具体修改办法,甚至一个错字、一个标点符号也能一一指出。在审议试写稿的同时,理论联系实际,对专志如何反映行业特点,如何体现黄河特色,怎样更能符合志体等方面进行了研讨,为进一步修改好志书提出了许多中肯的意见。这次研讨会时间虽短,但大家认为审稿的目标明确,同志们思想集中,会议开得紧凑,从而收到了预期的效果。

(1)会前聘请好审稿人。事前我们专门到省志编辑部汇报,得到了大力支持。省志编辑部王迪主任专门给我们推荐审稿人。聘请的大都是和我们黄河业务有关、对编志有研究、已经出成果或正在出成果、有一定实践经验的行家里手。因而提出的意见比较切合实际,保证了研讨会的顺利进展。

(2)做好准备工作。首先抓了务虚。为了明确质量标准,弄清审稿要求,事先复印了全国一些著名方志专家和领导同志谈志书质量标准的文章、讲话,发到各黄河志编辑室进行学习。同时在会前将试写稿分两批印发给与会者,让他们有充裕的时间看稿。临开会前又派专人逐个登门邀请,向他们说明开会的目的和意义,因而邀请的人员大多数能按时到会。研讨会开始后,黄河志总编室负责同志首先向与会者介绍了试写稿的编写过程、指导思想与体例等,使与会者明确审稿的目的、要求。与会者的所有发言,均予录音,便于修改志稿时参考。

(3)紧紧抓住中心,边审边议。在研讨会过程中主持会议的同志要善于引导,使大家抓住中心、围绕重点积极发表意见,深入细致地做好审议工作。

研讨会后,根据大家提的意见,修改补充并下发了《黄河志编审条例暂行规定》。同时,集中大家意见,对原《河南黄河志》编纂大纲再次进行了修改,制订了编纂大纲的第五次修订稿,作为总纂初稿的依据。上述两个文件也是研讨会的两个成果。特别是新的编纂大纲印发后,参加黄河志编纂的同志普遍反映:新大纲简明扼要,语言精练,用词准确,分类科学,安排合理,更加符合河南黄河实际。我们体会到开展试写研讨,确是志书编纂过程中必不可少的程序,是提高志书质量的有效途径。

六、积极为现实服务是编写新志应遵循的原则

修志为现实服务,是社会主义新方志的性质所决定的,它是我们修志的目的,也是我们修志的重要指导思想之一。一年多来,在这方面也作了些努力。如在我们编辑内部刊物上提供了一些黄河历史洪水、历史灾害等资料,为有关规划设计工作作参考;编印了多种"资料索引",如《近代黄河水利论文索引》《山东图书馆藏黄河文献目录》《宁夏图书馆藏治黄书刊资料辑录》等,为治黄各项工作提供了资料信息。1984 年四五月间,总编室在紧张的编志工作中,抽出 3 人,进行了一次西汉以来河南境内古河道的查勘,历时 19 天,行程 1700 多公里,搜集了大量实地资料,并编写了查勘报告,为进行有关规划设计工作提供了历史依据。在编志中搜集到的一批记载治黄史实的古碑拓片,不仅有史料价值,而且有的也是书法艺术珍品。目前我们正组织力量进行裱装,以便交黄河展览馆对外展出。

总之,我们体会到修志为现实服务的途径是很多的,搞好了,除有利于治黄工作外,对促进各级领导和广大职工更加关心和支持修志事业,也有一定作用。

七、坚强的毅力和持久的恒心是修志工作者加强修养的信条

编志是一项巨大的工程,修志是一项艰苦的劳动。志书是一种精神产品,它不仅要付出艰辛的脑力劳动,而且在摘抄卡片、誊写资料、访问调查、实地考察等活动中还要进行许多体力劳动。要更好地完成编志任务,编志人员必须加强修养,努力提高自己各方面的素质,以适应工作的需要。经过一年多来的实践,我们体会到编志人员在加强修养中的"一热一冷"甚为重要。"热"就是对修志工作要有强烈的兴趣和高度的事业

心,以巨大的热情全神贯注地投入这项工作中去。"热爱是最好的大学"这句名言已为古今许多有成就的方志学家的事迹所证明。"冷"就是头脑要冷静,作风要踏实,态度要严谨。特别是要有"耐住寂寞,甘于坐冷板凳"的精神。因为编志工作长年累月与资料、档案等打交道,工作琐碎,有的资料还是古文,生僻难懂,需要字斟句酌;有的材料需要再三推敲,反复查证;有的志稿需要多次修改,几度增删,数易其稿。总之,没有坚强的毅力和持久的恒心是不行的。不能满足于形式上的热热闹闹,而要扎扎实实地下苦功夫。实际工作中发扬了这种求实和潜心编志的精神,不受名利思想所熏染,不被私欲杂念所干扰,协力同心,从事修志,从而取得了初步成果。

（原载《水利史志专刊》1985 年总第 7 期）

《河南黄河志》编修情况及体会

《河南黄河志》是河南省通志中的一部黄河专志,是以河南省黄河河段为主,表述河南黄河的特点及认识黄河、改造黄河、开发利用黄河水利资源实践活动的历史与现状的一部志书。《河南通志》有专志 70 多部。为什么有了《河南水利志》还要再设一部《河南黄河志》呢? 这是由于黄河在河南的重要地位而确定的。

我们黄河志总编室把编纂《河南黄河志》作为我们编纂《黄河志》的起点,把它作为编纂《黄河志》的前期工作。由于河南省地方史志编委会要求紧迫,我们把它作为当前工作的重点,集中力量加以完成。

《河南黄河志》的编纂工作实际上是从 1983 年 8 月召开黄河志第一次编委扩大会后正式开始的。迄今已有两年多一点时间,其间大体经历了以下几个阶段,即:(1)制订编纂大纲;(2)搜集资料;(3)试写志稿;(4)专家会审;(5)再次增删修改;(6)总纂。经过上述 6 个阶段,到目前为止全书已基本完成,正陆续交印刷厂发排,预计 1985 年年底或 1986 年年初可以印出来。

在短短两年多一点的时间内完成《河南黄河志》约 60 万字的编纂,之所以有这样的成绩,是由于水电部和中国江河水利志研究会的关怀,河南省地方史志编委会和黄委会党组的领导、兄弟单位的支持以及各编志单位的共同努力所取得的。当前,志稿正在印刷,还没有和广大读者见面,现在就来总结编纂经验还为时过早,这里只能粗浅地谈一些完成这项工作中的体会。

一、利用在编史的基础上修志的优势，充分发挥人才和资料的作用

大家知道，我们黄委会前几年曾经编了一部书叫做《黄河水利史述要》，这部书曾经获得 1982 年全国优秀科技图书奖。编这部书花了五年左右的时间。当我们接受了编纂《黄河志》任务，组建总编室时，领导又将编这部书的主要骨干调来总编室工作，这就为我们发挥在编史基础上修志的优势创造了有利条件。我们可以运用在编史的过程中所积累的大量资料，因而在编志稿中古代治黄部分时，我们没有费过多的时间。

同时，我们体会到充分发挥老同志作用是编好志书的必要条件。因为治黄斗争有着悠久的历史，党领导下的人民治黄也已 40 多年，治黄战线上的许多老干部、老专家、老工人身经几个时代，了解熟悉许多治黄重大事件。为了充分发挥他们的作用，我们采取了吸收一部分离休老同志参加黄河志编委会，发动老同志撰写治黄回忆录；积极采取措施抢救"活资料"；加强同老同志的联系，征求他们对编志的意见或建议；对老同志中的编志积极分子，及时予以表扬，宣传他们的事迹，给热心修志的老同志召开纪念会；等等。这些措施中所体现出来的尊重知识、尊重人才、尊重老一辈治黄工作者的精神，进一步调动了广大同志的积极性，促进了编志工作的顺利开展。

二、坚持"众手成志"的方法，做到合理分工，协调发展

一部专志包括的门类很多，必须由各业务单位分别撰稿，共同协作完成，即所谓"众手成志"。《河南黄河志》纵贯古今，横的包括治黄基本工作、黄河干支流控制工程、下游防洪、引黄灌溉与城市供水、工程管理等治黄的各项业务，如何发挥各单位的积极性，科学地组织与发挥各部门的力量，便成为有节奏地完成编志任务的关键。在这方面我们主要抓了以下几个环节：

一是组建机构。凡是有编志任务的单位，都迅速抽调干部，分别建立了编辑室或编辑组。有的大单位,如河南黄河河务局等还建立了编志领导小组,形成了自下而上的网状编志,有力地保证了编志工作的开展。同时我们还坚持各级编辑室(组)都必须是一个工作班子。行政事务工作要减至最低限度,从总编室主任到各级编志人员,都要亲自参与修志实践,都要分担一部分章节的编写,无一例外。这也是工作进行较快的一个因素。

二是合理分工。根据编纂大纲,按照业务熟悉、掌握情况、占有资料、机构健全等条件,选择最佳承编单位,对各个章节进行合理分工,向各承编单位下达了篇目分工的通知书,规定了时间、质量方面的要求。由于分工合理,在任务分配上做到了扬长避短,各得其所。同时,在落实各篇章的主编人或执笔者时,我们体会一定要慎重初选,确定最合适的撰稿者。它关系着志书的质量。如果开始选的执笔人不很适当,不是熟悉本行业务而又文笔不好的人,即使付出很大力气写出了初稿,往往还要返工或改写,这方面我们也是有教训的。

三是根据编志进展情况对篇目分工进行适当调整,及时总结经验并进行交流,同时对编志中产生的问题认真研究,帮助解决,做到协调发展。

三、刻苦学习编志业务,努力提高编志工作者的素养

新编方志是一种具有特定体裁的著述。志不同于史,它在内容、体例和编写方法上与史都有区别,更不能把它写成工作总结、技术报告之类。我们参加编《黄河志》的同志都是第一次搞,没有经验,而且过去多是工程技术人员或行政秘书人员转行,很容易走过去技术报告、工作总结的老路。事实上,在开展试写之后,就发现有的章节写出来小而全,几乎无所不包,主题不突出,文字拉杂,图表过多,篇幅太长;有些章节技术性、专业性太强,满篇是数目字的堆砌,读起来索然无味;有些章节的体例、文风不一致,看上去像技术总结、学术论文或工作报告的都有。所有这些都告诉我们,为了保证志书的质量,必须刻苦学习编志业务,努力提高编志人员

的业务水平。为此我们提倡了业务学习制度,组织大家认真学习方志学的基本知识,采取了请进来、走出去等多种措施。如派人到修志先进单位学习经验,积极参加水电部和省地方志编委会举办的修志人员培训班或讲习研讨会,参加中国江河水利志研究会、中国水利史研究会、河南省地方史志协会及兄弟单位的多种经验交流和学术活动。通过这些活动,增加了知识,丰富了见闻,充实了方志学的基本知识,提高了编志的业务水平。

同时,在编志实践中,编志人员必须加强修养,努力提高自己各方面的素质,以适应工作的需要。经过两年来的实践,我们体会到编志人员在加强修养中的"一热一冷"甚为重要。"热"就是对修志工作要有强烈的兴趣和高度的事业心,以巨大的热情全神贯注地投入这项工作中去。"冷"就是头脑要冷静,作风要踏实,态度要严谨,特别是要有"耐住寂寞,甘于坐冷板凳"的精神。只有在实际工作中发扬这种求实和潜心编志的精神,才能把编志工作搞好。

四、开展试写研讨,提高志书质量

1984 年 11 月下旬,当时我们已搜集资料 1000 多万字,《河南黄河志》试写稿又写出 30 多万字,约占全书的 60%。我们及时召开了《河南黄河志》试写稿研讨会,对试写稿进行专家会审。这次会议邀请了河南省志编辑部、河南省社会科学院历史研究所以及河南省水利、气象、交通、地理、地震、卫生等各专志编辑室负责同志和长江志、松花江志及辽河志负责人参加。河南省地方志编委会对会议很重视,省地方志编委会主任邵文杰亲自参加了会议。会议肯定了试写稿的成绩,同时本着高度负责的精神,对试写稿逐章逐节地进行推敲,提出了许多修改补充意见,甚至一个错字、一个标点符号也能一一指出。由于我们聘请的大都是和我们黄河业务有关、对编志有研究、已经出成果或正在出成果、有一定实践经验的行家里手,因而提出的意见比较切合实际。另外在审议试写稿的同时,理论联系实际,对专志如何反映行业特点,如何体现黄河特色,怎样更能符合志体等方面进行了研讨。这次研讨会时间虽短,但大家认为审稿的目标明确,同志们思想集中,会议开得紧凑,从而收到了预期的效果。

五、重视信息交流,积极为现实服务

当前修志活动已在全国普遍兴起,出现了新中国成立以来前所未有"盛世修志"的动人景象。全国地方志刊物就有数百种,我们江河水利志系统也出有刊物二三十种。修志的理论研究及阶段性成果正在逐渐涌现。当前出现的极其活跃的信息交流,为我们获取各方面的信息创造了极为有利的条件。我们在编志工作中,通过各种途径,力求及时掌握三个方面的信息,即资料方面的信息,上级指示精神及修志动态方面的信息,修志业务经验及成果方面的信息。为了提供信息,推动编志工作,我们编印了内部刊物《黄河史志资料》,已经出了8期,为广大读者提供了古往今来有关黄河的百科知识和历史资料,同时也为广大治黄职工开展热爱党、热爱社会主义、热爱治黄事业的教育活动提供了生动教材。此外,不定期的《黄河史志参考资料》(油印本)也出了5期。通过交换刊物,约请提供资料信息等方法,和全国10多个省地方志,20多个省区市水利志,长江、珠江、黄河、海河、松花江、辽河等江河志及有关省市图书馆、档案馆、博物馆、大专院校等建立了联系,获取了信息。

由于我们及时掌握上级指示精神及修志动态方面的信息,使我们始终保持清醒的头脑,用正确的指导思想从事编志工作。我们在工作中注意发挥信息的作用,逐步改善了信息环境,加强了信息交换,从而活跃了我们的思想,开拓了我们的思路,并逐步提高了资料搜集及编志工作的效率,尝到了甜头。实践使我们认识到,重视和发挥信息的作用,确实是"好、快、省"地完成编志工作的一个重要环节,是推动编志工作的重要手段。

与之同时,我们在编志工作中贯彻了为现实服务的原则,因为修志为

现实服务,是由社会主义新方志的性质所决定的,也是我们修志的重要指导思想之一。两年来,我们在这方面做了些努力,如在我们编辑的内部刊物上提供了一些黄河历史洪水、历史灾害等资料,为有关规划设计工作做参考;编印了多种"资料索引",为治黄各项工作提供了资料信息;进行了古河道的查勘,编写了查勘报告,为进行有关规划设计工作提供了历史依据;在编志中搜集到一批记载治黄史实的古碑拓片,不仅有史料价值,而且有的也是书法艺术珍品,目前我们正组织力量进行裱装,以便交黄河展览馆对外展出。

总之,我们体会到修志为现实服务的途径是很多的,搞好了,除有利治黄工作外,对促进各级领导和广大职工更加关心和支持修志事业,也有一定作用。

以上是我们两年来工作中的点滴体会,可能有许多不当之处,希望同志们多加指正。虽然《河南黄河志》的编纂已基本完成,我们在《黄河志》的编纂历程中已经有了一个阶段性的成果,但总的来看,还是一部初稿,按新编方志的标准,到底质量如何,尚待大家评论。我们的想法是把它推出来,作为一个靶子,让大家提意见,今后把它修改得更完善,同时把流域《黄河志》的编纂工作搞得更好。当前,我们在编志实践中碰到一些问题,至今仍在探索过程中,如新方志的志体问题,横排竖写的掌握即纵横关系问题,工程志的写法问题,人物的"生不立传"问题,等等。在编志的组织工作方面也存在不少问题,如有的编辑室(组)人员薄弱,需要充实加强;有的单位编志人员中,老年或接近老年的同志较多,存在"青黄不接"的问题;有些编志人员的待遇、职称等还不够落实的问题;还有编志工作如何改革以适应当前经济体制改革的新形势问题;等等,都需要我们在认真总结以往经验的基础上,逐步加以解决。

流域《黄河志》的编纂,正与《河南黄河志》的编纂同步进行,凡已完成《河南黄河志》分配任务的,即进入流域《黄河志》所分配的任务。为了进一步开展流域《黄河志》的工作,最近,黄委会商请流域八省(区)水利厅(局)和四局、十一局两个工程局,各推派一名主管修志的领导同志参加黄河志编委会,一共增补了10名黄河志编委。

（原载《山西水利》1985 年第 3 期）

充分发挥信息在修志中的作用

人类社会正在走向一个充分发挥人的创造力和创新精神,以智能、知识为核心的高度发展的信息社会。我们的时代正在经历着一场信息革命。信息在当前国家经济建设中正在发挥巨大的威力,信息的作用已经越来越被人们所理解。

语言是人类信息交换的第一载体。文字的出现使口头传递的信息固定下来,促进了信息的大量积累。一切事物的活动都产生信息,信息是由事物发出的消息、情报、数据和信号等内容所构成,它是表述事物状态和运动特征的一种普遍形式。

我们江河志、水利志的编纂工作也离不开信息。正确地进行信息的传递与积累,充分发挥信息的作用,适当地运用信息科学技术,对于"好、快、省"地完成江河志、水利志编纂任务,有着重要的现实意义。

我们黄河志总编室在开展编纂工作中,深感掌握信息的重要性。在工作中我们通过各种途径,力求及时掌握三个方面的信息,即:资料方面的信息,上级指示精神及修志动态方面的信息,修志业务经验及成果方面的信息。

资料是编志工作的基础。及时而又准确地掌握资料方面的信息,可以帮助我们更好更快地搜集资料。我国地方志的编纂有悠久的历史,两千多年来绵延不断,从数量上看共有 8000 多种,10 多万卷,真是浩如烟海。为了修志的需要,必须了解历史上有哪些江河志、水利志以及有哪些文献曾经记载过江河、水利资料。为此,我们修志工作者就要学一点目录方面的知识,要学会图书分类法,从历史上的"艺文志"及一些目录学专著中寻求这方面的信息。如古代的《四库全书总目提要》《四库未收书目提要》《书目答问》《文献通考·经籍考》等等。当代朱士嘉先生的《中国地方志综录》、北京天文台编的《中国地方志联合目录》、上海图书馆编的《中国丛书综录》等都记载着大量地方志的书目信息和江河、水利资料的信息,可供我们检索查找。关于近、现代江河、水利资料的查找,还可通过各种书店编印的"书目"以及《全国总书目》《图书年鉴》《全国新书目》和各种类型的《报纸杂志索引》等获得信息。为了更好地查找近、现代档案,还应该学一点有关档案目录学方面的知识。此外还要随时留心各种出版物及有关文摘资料,多方面地了解编志有关的资料信息。工作中常常有这样的情况,花了很多时间找一本资料而找不到,但某一本目录索引为我们提供了信息,帮助我们很快找到了所需的资料,这就节约了很多人力、物力和时间。

我们黄河志总编室在注意搜集编志所需的资料信息的同时,注意及时汇编有关资料索引,为治黄工作各部门提供资料信息,这也是我们编志过程中为现实服务的一个方面。如最近我们委托有关同志,辑录了20世纪20年代至40年代国内关于黄河问题的论文共360篇,编印了《近代黄河水利论文索引》,作为黄河史志参考资料之一,发到各有关单位,为研究近代黄河问题的同志提供了资料检索的方便,受到同志们的欢迎。

水电部领导同志1984年6月在全国江河志、水利志讲习研讨会上,曾提出加强资料信息传递和资料交流的问题,要求各流域机构编志办公室,要成为本流域的资料信息中心。水科院、武汉水院和华东水院的水利史研究室和有关单位要组织力量尽快查阅、编印有关水利史志的"联合图书目录"。各省水利厅(局)及设计院、工程局等编志单位要首先编出自己藏书和资料目录报给各流域机构编志办公室和部宣传处,进行汇总后,由中国江河水利志研究会负责目录发行工作。如能按这个要求进行汇编,则我们按水系储存的资料信息将更系统、更全面,无疑将大大有利于我们对江河、水利志的资料搜集与研究工作,有效地避免重复劳动或不必要的往返奔波。这是加强信息积累,方便信息传递,推动编志工作的一项有力措施。

及时掌握上级指示精神及修志动态方面的信息,可以使我们及时了解中央领导同志对地方志工作的要求,中国地方志指导小组及中国地方志协会的有关指导意见,以及用新观点编纂新方志所应遵循的方针和原则等,使我们始终保持清醒的头脑,用正确的指导思想从事修志工作。及时了解各地、各水利部门的修志动态,使我们更加认清当前的修志形势,做到耳聪目明,胸有全局,取长补短,互相促进,互相推动,编好志书。

我们黄河志总编室的同志在修志方面都是新手,因此及时掌握修志业务经验及成果方面的信息尤为重要。它使我们进一步提高对修志工作的认识,对新方志特点的理解;它还使我们及时了解修志理论的发展,地方志及江河、水利志学术研究的动态及成果。在我们制定篇目、搜集资料、搞好试写等方面吸取先进单位的经验,认真地加以借鉴,为我所用,则能避免重走别人已走过的弯路,从而有利于提高志书的质量。我们黄河志总编室通过订阅、购买有关刊物,和各单位交换刊物,开展征集治黄历史文献活动,开展撰写治黄回忆录活动,编印不定期内部刊物,编印黄河史志参考资料,参加有关地方志的会议等多方面渠道,努力获取信息并传播信息,为修志服务,为现实服务。

"盛世修志",当前修志活动正在全国普遍兴起,并逐步掀起热潮,出现了新中国成立以来从未有过的动人景象,全国地方志刊物就有数百种。就我们江河志、水利志领域来说,目前已有五大流域机构及23个省市水利厅(局)建立了编志机构,开展了修志活动。有些先行单位,已经开始出成果,修志形势十分喜人。当前修志活动中出现的极其活跃的信息交流,为我们获取各方面的信息创造了极为有利的条件。由于我们在工作中注意发挥信息的作用,加强信息交换,从而活跃了我们的思想,增加了见闻,开阔了眼界,丰富了知识,并逐步提高了资料搜集工作的效率,初步尝到了甜头。实践使我们认识到,重视发挥信息的作用,确实是促进"好、快、省"地完成修志工作的一个重要环节。在我们当今的时代,那种关门修志、不接触外界的做法,那种闭目塞听、不善于吸取外界先进经验以丰富自己的态度是不足取的,它的发展必然导致思想停滞,孤陋寡闻,眼光短浅,坐井观天。在这种思想状态下,编出的志书也难免内容贫乏,格调不高,难以反映时代特点,难以满足党和国家的要求。

当前由于信息科学技术的飞速发展,有的产业部门在获取信息、识别信息以及信息的转换、存储及传递方面已经使用计算机。有的图书馆、档案馆及情报站在档案资料的检索方面已开始运用微型电脑。结合我们江河志、水利志编纂工作的实际,如何进一步采用现代化的手段,使新的信息科学技术为我们修志服务,这是我们今后应注意研究的课题。

信息是开掘"智矿"的钻头。只要我们重视信息的作用,充分发挥信息的功能,我们的修志工作就会更加主动,从而把我们江河、水利志事业搞得更好。

(原载《水利史志专刊》1985 年 2 月版,总第 5 期)

志书应反映改革、为现实服务

一、关于志书反映改革问题

在党的十一届三中全会精神和中央关于经济体制改革决定的指引下,经济改革的热潮正在蓬勃发展。正如邓小平同志所指出的,改革是一场深刻的革命。它有力地推动着四化建设,使祖国的面貌日新月异。改革是十一届三中全会提出来的,在中央关于经济体制改革决定颁布后,改革的热潮进一步在全国兴起。我们水利志的下限只要定到 1985 年,那就不可避免地要反映出改革的内容。

关于"志书为改革服务"的口号,大家认为这实质上与"修志为现实服务"的提法是一致的,大家认为还是提"修志为现实服务""志书要充分反映改革"为好。

关于水利志要体现改革精神,为现实服务问题,大家同意仍按去年厦门会议黄友若理事长讲话精神办,即:体现改革精神,关键是要抓住时代特征和我们现在工作的指导思想,从"水利是农业的命脉"转到水利为全社会服务,是人民生计和各业发展的命脉;从不大讲投入产出转到讲经济效益上来,即"全面服务,转轨变型"。

水利志如何充分反映改革、把改革反映好,经过讨论大家认为:

1. 坚决贯彻中国地方志指导小组全体会议通过的《新编地方志工作暂行规定》第二条,必须以"《中共中央关于经济体制改革的决定》为准绳,充分体现改革是当前我国形势发展的迫切需要"。

2. 如实地记述党的十一届三中全会以来水利事业经济改革的过程

及已取得的重大成就。要突出反映改革所带来的发展和变化,同时也要反映改革所发生的影响和效果。评价其效果就是以《决定》为标准,看是否符合改革的方向,有效果的记效果;一时效果不显著的,如实记述。

3. 对正在进行的改革要如实反映其内容。对改革所带来的新情况、新问题,要区别其是改革本身发展不完善、不充分、不配套的问题还是外界的、人为的因素,如实记述。对正在改革的措施,利弊得失不要过早过多评论。

二、关于修志为现实服务问题

修志为现实服务是社会主义新志的性质所决定的,也是志书所应具有的功能,大家在讨论中一致认为我们新编水利志应坚决贯彻为现实服务的方针,这样做至少有以下几点好处:

第一,充分发挥志书经世致用的功能,推动四化建设。

第二,通过为现实服务,进一步检验我们资料的科学性,推动编志工作。

第三,通过为现实服务,加深领导和群众对我们修志工作的理解,进一步支持我们编志工作顺利开展。

大家讨论中认为,为现实服务应贯彻于修志活动的始终。因为修志有一个较长的周期,志书完成后能为现实服务,在修志过程中也应当利用我们所具有的资料、信息及人才等优势,尽可能地为现实服务。在这方面许多省(区)水利志编辑部门已经做了不少工作,取得了可喜的成绩,如:

1. 河北省水利志编办,从所搜集的河北省历史自然灾害资料中,整理了一万多字的自然灾害历史资料,印发以后,受到规划设计等部门的欢迎,有的讲这样系统完整的资料还没见过。

2. 河北省水利志编办,结合现实需要搞了历史地震资料,印发后,总工连夜阅读,认为很有用。由于他们拥有资料优势及综合能力,因此厅里把许多综合性的写作任务都交给他们,如《当代河北水利》《当代河北》中的水利部分、河北地名辞典中有关水利地名部分、河北经济手册中有关水利部分等。

3. 宁夏水利志编办在李鹏副总理等到宁夏视察时，及时整理了宁夏引黄灌溉的历史及现实资料，满足了急需，受到了好评。

在日本水利考察团来宁夏考察时，他们又及时提供了资料，使对方感到很满意。目前，宁夏水利志编办正与宁夏水文总站合作，搞"宁夏旱涝灾害资料及分析"的资料。

4. 山东水利志编办主动整理印发资料目录，为各地市县编志搜集资料提供方便，已经成为全省水利史志资料中心。他们正在编写的《山东历代水旱灾害史料及其初步分析》正在争取列入省科委软科学研究项目，这个科研课题如被列入项目后，从水利厅及省科委尚能得到一些经费，对水利志编写工作将是个推动。

讨论中，大家认为要把为现实服务搞好，必须：

1. 树立为现实服务的指导思想，充分认识为现实服务的重要意义。

2. 正确处理为现实服务和为长远服务的关系，既不要把现实和长远对立起来，也不要搞实用主义，把为现实服务弄成为某一具体问题服务，搞急功近利。

3. 要积极主动，善于抓住时机。如山东水利志编办从河北省气象局报的研究课题中得到信息，积极争取把《山东历代水旱灾害史料及其初步分析》课题拿过来。

4. 要利用多种形式，充分发挥本单位的优势和潜力。

为现实服务的途径是很多的，道路是很广阔的，前景也是大有可为的。

（原载《水利史志专刊》1987 年第 1 期）

加强宣传　开展志评
充分发挥《黄河志》的社会效益

　　我们在编纂《河南省志·黄河志》工作中,同时着手做了两方面的工作,一是加强对志书的宣传、评介工作,二是利用现有资料,扩大成果,编纂大型江河系列志书——《黄河志》。

一、加强对省志黄河志的宣传工作

　　《河南省志·黄河志》的编纂,于1981年起步,1985年写出初稿60余万字,1986年以《河南黄河志》为名刊印,受到社会的普遍重视。方志界著名人士朱士嘉、傅振伦、邵文杰、来新夏、陈桥驿,水利专家张含英、郑肇经、陶述曾、汪胡桢,社会名流曹靖华、李準等,收阅初稿后都给黄河志总编室题写了书名、题词或写了回信。1986年12月22日,中国地方志指导小组组长曾三同志又在第一次全国地方志工作会议上,对《河南黄河志》给予了肯定。1986年以后,经过反复压缩、提炼,三易其稿,于1988年春写出《河南省志·黄河志》专志稿。以后又经过修改与深加工,于1991年4月经省史志编委审定正式出版。1993年获中国地方志优秀成果一等奖。

　　《河南省志·黄河志》是河南修志历史上第一部河流专志,也是《河南省志》中唯一的以河南具体山水事物命名的一部专志。该志出版后,我们及时组织有关专家开展了评论,反映十分强烈。著名历史地理学家、杭州大学教授陈桥驿评论说:“《河南省志·黄河志》在所有有关黄河的省份中,具有特别重要的地位,此志修纂所获得的成就,对黄河的过去、现在和未来,其理论价值和实用意义,都将不可估量。"复旦大学中国历史地理研究所所长、教授邹逸麟评论说:"本志资料论述系统、全面,吸收了大量的前人研究成果,又增添了该省治河工作的具体经验,是一部融学术性、实用性、知识性三者为一体的科学著作。"著名水利专家、中国农科院农田灌溉研究所原所长、高级工程师粟宗嵩评论说:"《河南省志·黄河志》层次分明系统化;在取材中认真地去粗取精,去伪存真;在立言中不惜反复提炼推敲,行文务求通畅;对功绩力戒浮夸,对失误直言不讳,确实写出了四个特点,达到了'志'的要求,称得上妙手著文章。"著名方志学家、北京大学教授于希贤评论说:"《河南省志·黄河志》面对着如此复杂而重要的黄河问题,以其新颖的体例、翔实的资料、丰富的内容、严谨的结构编纂出版,它对于河南黄河河情研究是一次系统的总结,对于河南治黄的历史是一次全面的反映,对于黄河的河南资料是一次综合的提炼与集中。这部志书的出版将起到'资治''存史''教化'的作用,对我们进一步了解黄河,研究黄河,掌握黄河的特点,探索治黄的经验与规律将会起到很大的推动作用。"还有,水利部原副部长、著名水利专家张含英,著名水利史专家姚汉源、周魁一、郑连第,华北水电学院北京研究生部教授田园等专家、学者也发表了热情洋溢的评论。黄委会水文局总工程师马秀峰、勘测规划设计院高级工程师李世同、原华北水电学院教师徐海亮等,在评论中具体叙述了他们在治黄勘测设计、规划、水情测报、科学研究及水利教学等工作中利用该志书而发挥效益的情况。在中国江河水利志研究会和湖北水利厅主办的《水利史志专刊》和黄委会出版的《黄河史志资料》等刊物上,曾一次刊登了14位专家学者对《河南省志·黄河志》的评论。由于专家、学者的宣传评论,帮助广大读者加深了对《河南省志·黄河志》的认识,使得志书进一步取得社会承认,不仅志书销售量看好,而且也进一步服务"四化"建设,使志书发挥了较好的社会效益。

二、扩大修志成果，编写大型黄河志

在《河南省志·黄河志》初稿完成的 1988 年前后，黄河志总编室除留骨干力量对该志进行修改加工外，同时抽出部分人员充分利用手中大量资料，投入大型江河志《黄河志》的编纂。经过多年不懈的努力，当前编纂工作已取得大步进展。

大型江河志《黄河志》是中国历史上第一次大规模编纂的系列江河志书。它全书计划 800 多万字，共分十一卷，各卷自成一册。包括大事记、流域综述、水文志、勘测志、科学研究志、规划志、防洪志、水土保持志、水利工程志、河政志、人文志。该志是一套全面反映黄河治理、利用黄河水利资源和开展水土保持，体现时代特点的新型志书。在水利部和河南省领导的关怀和编志人员的努力下，1991 年底《黄河志》第一批成果《黄河大事记》《黄河防洪志》《黄河规划志》三卷共 180 万字由河南人民出版社出版。1992 年 1 月，在郑州人民会堂举行了隆重的《黄河志》出版新闻发布会，在社会上引起较大反响。中央电视台、河南电视台、《人民日报》及海外版、《光明日报》《文汇报》《工人日报》《新闻出版报》等数十家新闻媒体进行了宣传报道。《光明日报》《新闻出版报》《河南日报》《水利史志专刊》等报刊及时发表了对志书的评论文章。1992 年 5 月，田纪云副总理在郑州接见了《黄河防洪志》的编纂及出版工作人员并与大家合影留念，还当场为黄河志编纂工作题词。《黄河防洪志》先后荣获中共中央宣传部 1991 年度"五个一工程"优秀图书奖、第六届中国图书奖一等奖。在不久前举行的河南省社会科学优秀成果评奖中，已出版的《黄河志》三卷获荣誉奖。国务院总理李鹏欣然为《黄河志》作序。序中指出：《黄河志》"不仅对认识黄河、治理开发黄河将发挥重要作用，而且对我国其他大江大河的治理也有借鉴意义"。全国人大常委会副委员长田纪云，全国政协副主席钱正英，著名水利专家、中国水利学会名誉理事长张含英，水利部原部长、现任全国人大环境保护委员会副主任杨振怀、水利部原副部长、现任国务院三峡工程建设委员会副主任李伯宁、著名专家陈桥驿等分别为《黄河志》的各分卷《防洪志》《规划志》《科学研究志》《水土保持志》《水文志》《人文志》作序。已出版的黄河志书,受到广大读者的喜爱。有的作为工具书置于案头;有的图书馆、档案馆、资料室作为重要资料书存档;有的大中专院校作为教学必备参考书;有的老科技工作者购买后作为藏书留传后代;有的自费购买作为母校校庆的珍贵礼品;有的以志书为基础组织开展黄河知识竞赛;有的指定志书为对青少年进行爱国主义教育的教材等。目前,已出版的黄河志书已发行到香港和海外。去年3月,中国地方志指导小组在北京举办全国新编地方志成果展览,李鹏总理的《〈黄河志〉序》和田纪云副总理为《黄河志》的题词,被安置在展厅入口的显著地位,《黄河志》的成果较为突出,分量较重,受到大会和观众的好评。

最近,《黄河志》的第二批成果《黄河水土保持志》及《黄河勘测志》,共约130万字,已经印刷完成,即将与读者见面。今年将正式交付出版的《黄河人文志》与《黄河河政志》,共约120万字,已印出阶段性成果——评审稿,正在进行评审和修改加工。

黄河志总编室在编纂《黄河志》的同时审时度势,充分利用本届修志的大环境,抓住舆论热烈、领导重视、人员集中、资料充足等有利条件,组织推动了黄河系统修志工作的全面开展。到目前为止,已经由黄河系统各单位先后公开出版或内部出版了30多部志书。如河南省的郑州、开封市黄河志,黄河三门峡水利枢纽志,山东省的惠民、德州、菏泽、聊城地区黄河志,济南、东营市黄河志及东平湖志等。这批志书以《黄河志》为核心,各有侧重,互为补充。这些志书从宏观到微观,多角度全方位地提供了黄河治理的历史与现状,以及许多历史背景和丰富史料,满足了广大读者多层次的需要,对当前加强黄河建设及江河治理有重要的现实意义。

如上所述,可以看出,《黄河志》的编纂是从《河南省志·黄河志》起步的,它为《黄河志》编纂积累了经验,培养了人才,做了大量的前期和准备工作。它促进了《黄河志》编纂,带来了黄河志成果的大丰收。《黄河志》的编纂出版是一项系统工程,是治黄史上的一个盛举,也是一项益于当今、惠及后代的大事。在这项系统工程中,《河南省志·黄河志》的编纂起到了承前启后、继往开来的核心作用。

多年来的工作使我们深深体会到,编志是一项需要付出艰苦劳动的、十分细致具体的工作,组织一班人,团结一致地、全心全意地投入编志事业中去,是很不容易的。我们在编志过程中,有针对性地进行了思想教育,通过工作实践增强了编志人员的凝聚力。在当前"经商热""南下淘金热"及"人员外流、眼向钱看"的冲击下,黄河志编纂工作者不为商潮所动,以编志工作者的自尊心和责任感,自甘寂寞与清贫,甘心坐冷板凳,在编志实践中观察、体验、读书、思考,大家兢兢业业地工作,全身心地投入,有的带病坚守岗位,迄今没有一人"跳槽"或"下海",表现了热爱黄河与修志的火热情怀和执着的敬业精神。黄河志总编室从1988年黄委会开展目标管理以来,连续五年被评为黄委会目标管理先进单位,今年1月,在四年一度召开的黄委会表彰大会上又被授予先进集体荣誉称号。另外,我们深切体会到,对我们付出辛勤劳动的修志成果,要加强宣传评介工作,并尽可能加大宣传力度,这是帮助人们了解志书、利用志书的一项重要工作,绝不能放松和轻视。这项工作做好了,可以提高志书的知名度,使志书发挥更大的社会效益;可以使领导和同志们更加理解编志工作,减少编志过程中的各种阻力,促进工作顺利开展;可以鼓舞士气,激励编志工作者更上一层楼,对编志工作可以起到互相促进、相得益彰的作用。

当前《河南省志·黄河志》虽已出版,大型系列江河志《黄河志》的分卷出版才刚起步,这套书全部出齐还需要几年时间。我们要再接再厉,珍惜当前的有利环境与条件,在省地方史志编委会的关怀、支持和各兄弟单位的帮助下,为全面完成《黄河志》的编纂大业而努力奋斗!

（原载《黄河史志资料》1994年第2期）

黄河志编纂十五年

一、发展历程

党的十一届三中全会以来,改革开放和国家"四化"建设迅速发展,编纂新的地方志活动在全国蓬勃兴起,出现了新中国成立以来前所未有的"盛世修志"的动人景象。1981年11月以后,河南、山东两省先后建立地方史志编委会,并制订编志计划。两省在省志中,均设有黄河志专卷,并要求黄委会及所属河南、山东黄河河务局编写。1982年6月,水电部在武汉召开了全国水利史志编写工作座谈会,会上提出并安排了包括黄河志在内的江河水利志编写任务。根据水电部及各省提出的编志任务,当年黄委会抽出部分人员,进行了编志的一些准备工作。1983年3月,成立了黄河志总编辑室;7月初,在郑州召开了黄河志编委会第一次扩大会议,黄河志编纂工作从此全面展开。

编志是一项综合性的著述活动,也是一项较为复杂的脑力劳动。开展这项工作需要有一个稳定的机构,以及符合编志要求的人员和一定数量的经费。黄委会领导从编志工作开始,就针对修志工作的特点,从多方面为修志创造必要的工作条件。首先,把建立编志机构作为重点来抓,在各单位领导的重视和关怀下,迅速抽调干部建立了河南和山东两省黄河河务局、勘测规划设计院、中游治理局、水文局、三门峡水利枢纽管理局、水利科学研究所(现黄科院的前身)等单位的黄河志编辑室。沿河各修防处、段,各水文总站、勘测总队,有的抽调专人建立了编写组,有的明确了专人负责。据统计,黄委会各单位从事编志工作的专业人员最多时达

430 人,在黄河系统形成自上而下的网状编志结构。在这些编志部门中,集中了一批熟悉黄河情况、知识比较渊博、实践经验比较丰富,有较高思想、业务水平和写作能力的行家里手,并吸收了一批具备条件的离退休干部参加这项工作。各编志部门所建立的编委会(组),一般均由这些单位的现职行政领导挂帅。同时,委领导还研究决定,今后黄委会主任同时担任黄河志编委会主任,黄委会主任如有更迭,黄河志编委会主任也随之易人,这样修志就形成了"行政首长主办,各方密切配合"的格局,有力地保证了编志工作的顺利开展。

1985 年 10 月,为加强对黄河志的咨询、学术研究及审稿等方面的工作,提高志书质量,黄河志编委会聘请了张含英、姚汉源、谢鉴衡、邹逸麟等 15 位著名专家为学术顾问。

黄河志编纂工作的开展,是从完成河南、山东两省交给的编志任务入手的。黄河志总编辑室和山东河务局黄河志编辑室首先集中力量分别完成了《河南黄河志》及《山东黄河志》两部专志,然后在此基础上按两省对省志的要求,又提炼、编写完成了《河南省志·黄河志》及《山东省志·黄河志》。这两部志书在 1993 年 9 月中国地方志指导小组举办的全国志书评奖中,均荣获全国新编地方志优秀成果一等奖。

1986 年 5 月在济南召开了黄河志编委会第二次扩大会议,总结了河南、山东黄河志的编纂经验,安排部署了水电部交给的大型江河志《黄河志》的编写工作。

中国共产党领导下的人民治黄工作,从 1946 年冀鲁豫解放区和渤海解放区的治黄斗争算起,迄今已 50 年了。50 年来,特别是中华人民共和国成立以来,在开展根治黄河水害、开发黄河水利的伟大斗争中,付出了巨大的人力、物力和财力,取得了伟大的成就,过去被称为"中国之忧患"的黄河,如今已发生了历史性的变化。把这些丰富多彩的治河实践活动,用马列主义的观点和编纂社会主义新志的要求,在总结古今治河经验的基础上,编纂出一部具有时代特色的新型《黄河志》,是治黄建设发展的需要,也是一项重要的精神文明建设工程,不仅在推动治黄建设方面具有现实意义,而且给子孙后代也将留下一笔宝贵财富。

新编《黄河志》以黄河的治理和开发为中心,用大量丰富、翔实的资料,全面系统地记述黄河流域地理环境、水土资源、河流特性、社会经济情况、人文情况、河道变迁、黄河治理开发的历史与现状等。全书计划800多万字,共分十一卷,各卷自成一册。这套《黄河志》系列丛书,以志为主体,兼有述、记、传、录等体裁,并有大量图、表及珍贵的历史和当代照片穿插其中。在水利部和黄委会领导的关怀、支持和广大编志人员的努力下,到目前为止,已出版《黄河大事记》《黄河规划志》《黄河防洪志》《黄河水土保持志》《黄河勘测志》《黄河人文志》《黄河河政志》等七卷,正在印刷的有《黄河水利水电工程志》和《黄河水文志》,尚有《黄河流域综述》和《黄河科学研究志》正在编纂中,将陆续分卷出版。

《黄河志》的编纂出版是一项系统工程,是治黄史上的一项盛举。编纂工作伊始,新华社就向国内外作了报道,因而引起中外瞩目。党和国家领导人对《黄河志》编纂出版十分关怀,国务院总理李鹏1991年8月20日欣然为《黄河志》作序。序中指出:"《黄河志》不仅对认识黄河、治理开发黄河将发挥重要作用,而且对我国其他大江大河的治理也有借鉴意义。"中共中央政治局原委员胡乔木热情题词:"黄河志是黄河流域各族人民征服自然的艰苦斗争史。"全国人大常委会副委员长田纪云,全国政协副主席钱正英,水利部部长钮茂生,水利部原部长杨振怀,国务院三峡工程建设委员会副主任、水利部原副部长李伯宁,著名水利专家张含英、张光斗,著名历史地理学家陈桥驿等分别为《黄河志》的各分卷作序。田纪云并在百忙中于1992年5月6日亲自接见《黄河防洪志》的编纂及出版工作人员,还当场为黄河志编纂工作题词:"编好黄河志,为认识研究和开发黄河服务。"最高人民检察院检察长张思卿,中央顾问委员会原常委段君毅,四川省人大常委会主任、中共河南省委原书记杨析综,河南省省长马忠臣、省军区司令员朱超等党政军领导,方志界著名人士朱士嘉、傅振伦，水利专家郑肇经、陶述曾、汪胡桢，社会名流曹靖华、李準、丁一等在《黄河志》编纂期间或给《黄河志》题写书名或题词或写回信，表达了他们对黄河志寄予的厚望和关怀。

为配合黄河志编纂，黄河志总编辑室编印了《黄河史志资料》季刊，经河南省新闻出版局核准登记，在国内本系统出版发行，从1983年9月创刊，到1995年底已出刊50期，共400余万字。该刊以资料性、学术性、知识性为主，坚持了为编志服务、为治黄建设服务的办刊方针，指导黄河志编写工作，同时也为广大读者提供古往今来有关黄河的百科知识和历史资料，主要内容及栏目有"史志文存""治黄春秋""黄河人物""史料考证""黄河览胜""志书评介"等。1987年，该刊被评为河南省地方史志优秀成果二等奖，1993年经审读被评为委属优秀期刊。

为系统反映黄河治理开发的发展历程，如实地展示治黄各条战线的成就、经验和发展趋势，汇集有关治黄统计资料，并为下届续修《黄河志》积累资料，经黄委会领导研究决定出版《黄河年鉴》，由黄河志总编辑室负责编辑出版工作。1995年3月6日黄委会人劳局发布《关于成立黄河年鉴社的通知》，黄河年鉴社与黄河志总编辑室实行两块牌子、一套机构。1995年7月17日，国家新闻出版署批复同意《黄河年鉴》作为正式期刊出版，并给予国内统一刊号，10月10日，又申办了国际标准连续出版物刊号。《黄河年鉴》编辑任务确定后，黄河志总编辑室抓紧进行工作，确定了各单位年鉴撰稿人，1995年3月14日召开了黄河年鉴工作会议，安排部署了1995年卷（反映1991—1994年的内容）《黄河年鉴》的编写任务，经过大家努力，1995年卷《黄河年鉴》已经编辑完成（80万字），现已出版发行。

为适应改革形势的需要，黄河志编委会从1988年5月起，开始推行"黄河志承编责任制"，对黄河志各承编单位实行定任务、定质量、定时间、定奖惩的责任制，由黄河志编委会及黄河志总编辑室与各专志承编单位签订"黄河志承编责任书"。承编责任制实施以来，由于把修志工作的指令性任务与各单位的目标管理相结合,对编志工作起了很大推动作用。与此同时,黄河志总编辑室作为委直属处级单位,每年年初与黄委会主管主任签订"目标责任书",年终接受考核。黄河志总编辑室从1988年黄委会实行目标管理以来,已连续6次被评为目标管理先进集体,并于1992年召开的全河劳模大会上被评为委机关的先进单位,受到委领导和大会的表彰奖励。

在黄河志编纂中,沿河八省水利厅(局)、有关工程局、科研单位、大专院校协同配合,为黄河志编写提供了不少有价值的资料,并积极参加审稿,对保证志稿质量起了很大作用。有的单位如电力部水电第四工程局,宁夏、内蒙古、甘肃水利厅(局),陕西三门峡库区管理局、山西汾河水利管理局等单位,还直接承担了编志任务,都及时完成了任务。黄委会与兄弟单位协同修志,互相不讲名位,不计稿酬多少,认真履行修志协议,充分体现了团结修志的一代风貌,受到水利部有关领导的表扬。

二、取得的成就

(一)修志成果陆续涌现,在社会上引起强烈反响,较好地发挥了社会效益

新编《黄河志》的内容涉及黄河的方方面面和各个科学领域,并要求达到内容完整、翔实准确而又不相互重复和矛盾,是一件很不容易的事。《黄河志》几部重点志书的顺利推出,是黄河志编委会及黄河志总编辑室组织众多专家学者进行群体攻关所结出的硕果。为了提高《黄河志》的质量,保证资料的翔实准确,编志人员10多年来,搜集、摘编资料两亿多字,不仅查阅了黄委会自存的大量古今文献资料,而且充分利用了在北京故宫复制的有关黄河的清宫档案23000多件,以及兄弟单位提供的资料,并对这些资料进行了去伪存真、去粗取精的加工。在编志过程中,编写人员还多次走访重大治黄事件的当事人,并进行过多次野外实地调查,掌握了大量的第一手材料,从而在自然与社会、历史与现状、深度与广度上突

出了全书的资料性、真实性，保证了《黄河志》的高质量。

1991年，黄河志总编辑室组织了《黄河志》第一批成果《黄河防洪志》《黄河大事记》《黄河规划志》等三卷志书审定与出版的攻坚战，与河南人民出版社密切合作，严把质量关，及时地完成了出版任务。特别是《黄河防洪志》出版后，以一流的内容、一流的装帧设计、一流的印制赢得社会各界和读者的广泛好评，于1992年5月荣获中共中央宣传部首届"五个一工程"优秀图书奖，是"五个一工程"入选作品中的唯一志书，在社会上引起强烈反响。同时，该书还荣获第六届中国图书奖一等奖、第七届北方十五省区市优秀图书奖、河南省优秀图书一等奖。水利部专门发文件对编志人员进行表彰奖励。河南省委宣传部和黄委会分别对编志人员颁发了嘉奖令。此外，《黄河水土保持志》荣获第九届北方十五省区市优秀图书奖、河南省优秀图书一等奖和河南省地方史志优秀成果一等奖。《黄河勘测志》荣获河南省地方史志优秀成果一等奖。《黄河人文志》荣获河南省首届"五个一工程"优秀图书奖、第十届北方十五省区市优秀图书奖及河南省优秀图书一等奖。在1993年11月举行的每三年一次的河南省社会科学优秀成果评奖中，《黄河大事记》《黄河防洪志》《黄河规划志》等三卷志书获荣誉奖。

黄河志编委会及黄河志总编辑室在编纂《黄河志》的同时，充分利用本届修志的大环境，抓住舆论热烈、领导重视、人员集中、资料充足等有利条件，组织推动了黄河系统修志工作的全面开展。截至1995年底，黄河系统各单位先后公开出版或内部出版了30多部志书，形成了黄河史志系列丛书。如河南省的郑州、开封市黄河志，黄河三门峡水利枢纽志；山东省的惠民、德州、菏泽、聊城地区黄河志，济南、东营市黄河志，《黄河东银窄轨铁路志》《山东黄河水文志》《山东黄河医院志》《东平湖志》；黄河志总编辑室编纂的《历代治黄文选》《河防笔谈》《治水四十年》；黄河中心医院编纂的《黄河中心医院志》以及协助地方有关部门编纂的《伊洛河志》等。正在编纂的有濮阳、新乡市黄河志和《金堤河志》《陕西黄河小北干流志》以及协助地方有关部门编纂的《故县水库志》《引沁灌区志》等。这批志书以《黄河志》为核心，各有侧重，互为补充。它们从宏观到微观，多角度、全方位地提供了黄河治理各个局部的历史与现状，以及许多历史背景和丰富史料，满足了黄河研究和广大读者多层次的需要，对当前加强黄河建设及江河治理有重要的现实意义。

（二）黄河志在两个文明建设中发挥了积极作用

《黄河志》是高度密集的黄河知识和文化的载体，是科学的、浓缩的黄河资料集萃，是众多编志工作者含辛茹苦的心血结晶。几年来，已出版的黄河志书，以其系统而丰富的内容，深邃而科学的内涵，谨严高雅的格调，庄重朴实的品位以及优美典雅的装帧，受到治黄战线广大职工和广大读者的喜爱。《黄河志》以其科学性与实用性的统一在广大读者中逐步树立了权威。有的把《黄河志》作为工具书置于案头，在业务工作中随时参考；有的图书馆、档案馆、资料室作为重要资料借阅或存档；有的大、中专院校指定作为教学必备参考书；等等。几年来，在编志过程中和志书刊行问世后，积极为治黄建设服务取得了显著成效。志书中搜集整理的大量历史水旱灾害资料成果，为防汛、抗旱提供了有益的借鉴和科学的依据。编志工作中提供的不少黄河历史洪水资料，进行古河道查勘所编写的查勘报告等，为有关规划设计工作提供了参考资料。山东黄河河务局的《黄河河道沿岸地质勘探资料》，为济南市的引黄保泉工程所利用；《黄河河口变迁与治理》，为胜利油田和开发黄河三角洲提供了借鉴。已出版的《黄河志》各卷，为黄河流域经济研究、黄河经济带开发研究和新欧亚大陆桥经济开发研究，提供了资料依据，同时被反映黄河的影视文艺、音像等作品的创作人员作为重要基础资料而加以利用。此外，黄河志总编辑室多年来编印的各种"资料索引"和《黄河史志资料》刊登的众多文章，为治黄各项工作提供了大量资料信息。《黄河志》的编纂，促进和加强了治黄职工与黄河两岸人民的凝聚力。有的治黄单位以志书为基础组织开展黄河知识竞赛，有的指定《黄河志》为对职工进行爱国家、爱社会主义和爱黄河教育的教材。新编《黄河志》在精神文明建设和治黄建设中正在发挥越来越大的作用。目前,已出版的黄河志书已发行到香港和海外。1995 年 4 月,美国驻华大使馆派专人来黄委会购买《黄河志》,以用作著名的美国国会图书馆收藏。

(三)在修志实践中培养锻炼了一批编志人才

编志是一项需要付出艰苦劳动的、十分细致具体的工作,政治素质高、业务素质好的修志人才,是完成修志任务的关键。经过 15 年的艰苦奋斗,采取了政治上关心、生活上关怀、工作上帮助、业务上提高和大胆放手压担子、在实践中锻炼提高和老同志传帮带等措施,涌现了一批修志人才,大家开拓进取,坚守岗位,兢兢业业,无私奉献,为黄河志事业辛勤地耕耘。特别是近几年来,在任务繁重,老同志大量离退、部分同志又带病坚持岗位的艰难情况下,加上在社会上流行的"经商热""第二职业热""南下淘金热"及"人才外流、眼向钱看"等潮流的冲击下,广大黄河志工作者不为商潮所动,以编志工作者的自尊心和责任感,自甘寂寞与清贫,甘心坐冷板凳,在编志实践中观察、体验、读书、思考,表现了热爱黄河修志事业的火热情怀、全身心的投入态度和执著的敬业精神。实践证明,修志 15 年来所培养出来的这一支黄河修志队伍,是一支好的队伍,是经得起各种考验的、党和人民完全可以信赖的修志队伍。

(四)黄河史志学术理论研究蓬勃开展

理论是实践的先导。在黄河志编纂工作的同时,黄河史志学术理论研究活动也积极开展起来。1983 年 10 月,黄河志总编辑室协助中国水利学会水利史研究会在郑州召开了"黄河流域水利史学术讨论会",大会收到学术论文 49 篇。1988 年 9 月,黄河志工作者又提交论文参加了在内蒙古临河召开的"河套水利史学术讨论会"。1989 年 5 月,提交论文参加了在山西榆次召开的"山西水利、水保史学术讨论会"。1990 年 9 月,提交论文参加了在陕西三原召开的"中国近代水利史学术讨论会"。1991 年 6 月,黄河志总编辑室参与组织并提交论文,在郑州召开了"中原地区历史水旱灾害及减灾对策学术讨论会"。1992 年 6 月,提交了《新编黄河志探略》等论文,参加了"全国江河水利志学术理论研讨会"。1994 年 9 月,黄河志总编辑室提供的《黄河志——水文化的丰碑》论文,荣获水利部举办的全国首届水利艺术节水文化论文优秀奖。1995 年 9 月,为纪念古代治河名人潘季驯逝世 400 周年,与中国水利学会水利史研究会在山东威海联合召开了"潘季驯治河理论与实践学术讨论会",会议收到论文 40 多篇。这是中国水利史研究会开展活动 13 年来,召开的以纪念古代治水名人为主题的第一次学术讨论会,会议的成功在全国水利史界产生很大影响。会后,编辑了《论文集》,已交河海大学出版社出版。

从 1991 年起,黄河志总编辑室参与了黄河流域八省(区)人民出版社共同发起的"黄河文化丛书"中首卷《黄河史》(约 35 万字)的编审工作,已于 1994 年编撰完成并审定交付山东人民出版社出版。记述黄河流域中国古代著名的广利渠灌区史实的《沁河广利渠工程史略》(15 万字),经过多年编撰,已于 1993 年 12 月由河海大学出版社出版。

综上所述,黄河志编纂 15 年来虽取得一定成绩,也是初步的,是水利部、黄委会及各级领导和兄弟单位的关怀、重视和支持,广大编志人员深入学习贯彻党的路线、方针、政策和《邓小平文选》的精神,进一步解放思想,转变观念,在编志工作中深化改革,大胆创新的结果。我们坚持开放式修志,最广泛地吸取意见,集思广益,认真贯彻"承编责任制""主编负责制"等一系列符合修志规律的编审制度,同时将"众手成志"与"专家评审""主编负责"相结合,坚持黄河志的高档次、高格调、高品位、高水平。黄河志编纂 15 年的经验集中起来,我们认为,在领导重视下充分发挥编辑室及专职编志工作者的主动性和积极性,领导班子配合默契,老中青三结合和谐,编志人员的奉献精神、投入态度及业务素质提高,编志的外部环境优化,这五个要素达到和谐有序的优化状态,便能催化"出成果、出人才"等编志业绩的产生。

三、存在的问题及前景展望

（一）存在的问题

1. 随着编志工作的进展，《黄河志》已出版多卷，要杜绝重复交叉及前后矛盾等现象，保证《黄河志》浑然一体及高度准确性、科学性，争取今后的志书一部胜过一部，任务很繁重，总纂及校核工作难度很大，亟待加强。

2. 第一批从事修志工作的同志，年龄偏大，已离退了一大批，但后备力量从总体看不足，未能及时补充年轻人，修志力量愈显薄弱，有的单位已完全靠返聘的离退人员，有的编志单位出现青黄不接，影响工作进行。

3. 《黄河志》各类及各编志单位间，包括正在编纂黄河史志丛书的各单位间，发展不平衡，有的进度较慢；有的单位领导重视的问题还没落到实处，工作指导不力；有的新抽调的编志人员缺乏修志理论和专业知识的培训，因而影响编志工作目标的完成。

4. 对已出版的《黄河志》开展宣传的力度不够，有的读者反映"《黄河志》好是好，就是不好找"。有的想买找不到渠道。同时，组织专家学者开展评论以扩大志书的影响，在广大职工中开展学志用志活动，让世界了解黄河，让全国了解黄河，让广大治黄职工了解黄河做得不够。对以上存在的这些问题，需要在以后编志工作中认真加以解决。

（二）前景展望

不久前，中国地方志指导小组经国务院同意重新进行了调整，中共中央政治局委员、国务委员李铁映出任中国地方志指导小组组长，进一步体现了党中央、国务院对地方志工作的关心和重视。李铁映同志在中国地方志指导小组会议上发表了重要讲话，对当前地方志工作许多重大问题作了明确的指示。他指出："地方志工作是一项需要长期延续进行的基础性学术文化事业，不是一项临时任务。如第一届志书完成，修志机构队伍就宣告解散，隔几年又重起炉灶，这将会造成人力、财力的极大浪费，甚至会出现资料的散失和断档，给工作造成不可挽救的损失。"他还指出：

"上一届志书完成之日,实际即下一届修志开始之时。要持续不断地进行地情资料的收集、整理和系统研究。还应开展编纂地方性综合年鉴、编辑各种专题资料、整理旧志等项工作。"

根据李铁映同志指示,最近在北京召开的中国地方志指导小组第二届第二次会议已提出明确要求:省级志书15年左右续修一次,市级和县级志书10年左右续修一次。为此,各省最近对续修志书已相继作出部署,黄委会承担的《河南省志·黄河志》和《山东省志·黄河志》,均要着手安排续修事宜。同时,从"九五"计划到2010年,即今后15年黄河史志事业发展的规划着眼,《黄河志》的续修也应及时列入议事日程。

今后15年发展黄河史志事业的指导思想是:以马列主义、毛泽东思想和建设有中国特色社会主义理论为指导,坚定不移地贯彻党的基本路线,贯彻执行党和国家的各项政策,要坚持"除害兴利,综合利用"的治黄方针和治黄基本任务,本着解放思想,实事求是,总结经验,开拓创新,面向21世纪再创佳绩的要求,把黄河史志工作进一步搞好,再上一个台阶,使黄河史志成果以科学的内容吸引人,以翔实的河情教育人,以更多的精品鼓舞人,为治黄事业,为国家经济建设和社会进步做出更大的贡献。

黄河史志工作"九五"计划和2010年远景目标基本任务的初步设想是:

1. 继续抓好《黄河志》编纂主体工程。在确保质量的前提下,力争1997年前完成原规划的《黄河志》十一卷的修志任务。

2. 根据《黄河志》学术顾问及有关专家学者建议和发挥《黄河志》应用功能的需要,拟补编一部《黄河志》第十二卷,即《黄河志提要及索引》,计划100万字,1996年准备,1997至1998年编纂,争取1999年第四届国家图书奖评选前出版。

3. 正在编纂的纳入"黄河史志丛书"的各有关志书,如《新乡市黄河志》《濮阳市黄河志》《金堤河志》《陕西黄河小北干流志》《故县水库志》《引沁灌区志》《黄河水土保持大事记》等,要加强指导,继续推动,使其及时完成编纂出版任务。同时,要拓宽修志范围,在有条件的地方,可根据本单位的特色与优势,提倡编纂出版黄河专业志,更好地为治黄和两个文明建设服务,如《沁河志》《黄河源头志》(或《西线南水北调志》)等等。

4. 继续抓好《黄河史志资料》季刊的编辑出版和发行工作,要再上新台阶。根据广大读者要求,"九五"期间《黄河史志资料》拟更名为《黄河史志》(或《黄河春秋》《黄河今古》《黄河纵横》等)并申请全国统一刊号,增添内容,更新栏目,在全国正式出版,并向国外发行,使其成为"让黄河走向世界""让世界了解黄河"的一个新窗口。

5. 持之以恒地编好《黄河年鉴》,力争每年出版一册,并努力提高质量,扩大发行范围,使其成为系统反映黄河开发治理业绩的流域性年刊,成为具有较高资料性、综合性、存史性,能提供翔实可靠的逐年黄河史料与数据,有大量经过整理的、准确的治黄事业发展信息的高品位、高档次的工具书。

6. 续修黄河志。根据中国地方志指导小组的要求和河南、山东两省的安排部署,我委承担的《河南省志·黄河志》和《山东省志·黄河志》要在 2010 年前完成续修任务。流域《黄河志》的续修工作,也要在本届规划的十二卷《黄河志》编纂任务完成后,积极着手进行。

7. 续编黄河史。由我委编写于 14 年前,即 1982 年出版的《黄河水利史述要》,其下限基本上到清末,民国时期比较简略,人民治黄 50 年来的黄河史更未编入。根据黄河水利事业发展的需要,亟待续编黄河史。拟组织有关力量,编写出版《黄河水利史述要》(续编),初步规划 40 万字,力争"九五"期间完成。

8. 继续开展黄河史志学术理论研究,对黄河志编修工作认真进行总结,使之上升到理论,争取涌现更多的研究成果,用之指导黄河史志工作。对已出版的黄河史志书刊,要加强宣传力度,在条件适合的情况下,汇编出版《黄河志评论集》《黄河史志论丛》等文集,以配合《黄河志》宣传及学志用志活动的开展。加强对历史上有关黄河的古籍、旧志的整理、校勘、标点、注释等工作,争取编纂出版几部历史上有价值的黄河史志名著的新版本,如潘季驯的《河防一览》等,使这些历史治黄名著在治黄建设和国家水利建设中发挥更大作用。

9. 在继续抓好黄河志编纂和《黄河年鉴》等期刊编辑出版过程中,采取各种措施,继续培养锻炼熟悉黄河情况的、具有高度政治素质与业务素质的黄河史志人才。与此同时,黄河志总编辑室作为委办的一个处室,今后应在治黄历史资料的收集整理和研究上多做工作,以便为各级领导了解黄河提供必需的资料,要积极创造条件,使黄河志总编辑室不仅是黄河史志和黄河年鉴的编研中心,而且要成为黄河流域江河水利史志的收藏中心及黄河史志、河情信息的咨询服务中心,成为弘扬黄河的一个阵地。

在新的发展时期,我们黄河志工作者一定要再接再厉,艰苦奋斗,在委党组的领导和各单位的支持帮助下,为实现"九五"计划和 2010 年远景目标,为繁荣黄河史志和《黄河年鉴》事业,承上启下,开创未来,再创辉煌!

(原载《黄河史志资料》1996 年第 2 期)

难忘的历史记忆　艰辛的编纂历程

——大型多卷本《黄河志》编纂出版回忆

　　我今年已 83 岁,也到了所谓"耄耋"之年,参加人民治黄工作算来也已 63 年。回顾这 63 年的漫长岁月,青年时代参加外业测绘工作,走遍了大河上下的山山水水;中年以后回到机关,从事政工、工会、编辑等工作。我认为最值得我回顾的,是 1983 年到黄河志总编辑室工作,参加首届大型江河志《黄河志》的编纂出版工作,一直干到 1995 年退休,之后被返聘,任黄河志总编辑室学术顾问等,一直干到 20 世纪末,这项工作圆满完成,前后总共约 20 年时间。

　　回顾我在参加首届大型《黄河志》编纂出版过程的 20 年,它充满艰辛与甜蜜,有付出也有挫折,更多的是收获。它给我留下人生中最宝贵、最值得珍藏的永远记忆。它是艰苦奋斗的 20 年,也是求实创新的 20 年。

　　历史上虽然有关黄河的史志著作或文章不少,但是却没有一部完整的、全面系统记述黄河治理开发历史与现状的志书。黄委会老主任王化云 1983 年在黄河志总编辑室成立后召开的第一次会议上曾说过:"民国时期虽有些人也出过号称的黄河志,那不过是几篇文章,不是完整的黄河志书。"他又说:"你们要学习司马迁、司马光、徐霞客等历史名人,像他们那样尊重历史,注重实践,实事求是,编出来的志书要做到翔实、生动。"许多专家学者和热爱黄河的人士,他们面对中国共产党领导的伟大绚丽的人民治黄事业,热切盼望着甚至梦想着能有一部贯通古今、全面完整的《黄河志》早日问世,但过去由于历史原因和种种条件限制,不能如愿,被认为是一大憾事。当时,我被任命为黄河志总编辑室的领导成员,想着这个任务将通过我们黄河志工作者的努力而实现,心中既感到责任重大,又感到无比激动与自豪。

《黄河志》在黄委会领导的重视和关怀下,从 1983 年前后开始组建机构,先后成立了 7 个局(院)编辑室,抽调人员,着手收集资料。编纂工作决定先从编写《河南黄河志》入手。经过大家齐心合力,奋力笔耕,1985 年年底 65 万字的《河南黄河志》完成编纂出版后,深受好评,并荣获河南省地方史志成果一等奖。接着便开始了《黄河志》的全面编纂,在此期间,1986 年 5 月、1988 年 11 月分别在济南和西安召开了第二次和第三次编委扩大会。时任中共中央总书记的胡耀邦同志,得知大型黄河志正在编纂的消息后,1986 年 7 月 18 日欣然命笔为《黄河志》题写了书名。时任中共中央政治局委员胡乔木为《黄河志》题词:黄河志是黄河流域各族人民征服自然的艰苦斗争史。

经过大家努力,1991 年年底,大型多卷本《黄河志》开始分卷出版,1992 年 1 月在郑州召开了《黄河志》首批成果《黄河大事记》《黄河防洪志》《黄河规划志》三卷共 180 万字出版问世的新闻发布会。《黄河志》的首批成果问世,受到社会各界的广泛关注。其中《黄河防洪志》(69 万字)于 1992 年 5 月荣获中共中央宣传部首届"五个一工程"优秀图书奖,是首届"五个一工程"入选作品中的唯一志书。接着,《黄河防洪志》又获第六届中国图书奖一等奖,在社会各界引起强烈反响。水利部专门发文对编志人员进行表彰奖励,广大黄河志工作者深受鼓舞。《黄河防洪志》获奖后,时任国务院副总理的田纪云(后任全国人大常委会副委员长)在郑州接见了《黄河志》的编纂及出版工作人员,他说:"《黄河防洪志》我在北京已经看到了,很好! 你们辛苦了,下了不少功夫。"接见后他与大家合影留念,并高兴地挥笔为黄河志编纂工作题词:编好黄河志,为认识、研究和开发黄河服务。

1993 年 12 月《黄河勘测志》(55 万字)与《黄河水土保持志》(70 万

字)正式出版。1994 年 4 月 25 日在西安陕西省政府大厦举行了首发式。1994 年《黄河人文志》(82.5 万字)出版,1996 年《黄河水利水电工程志》(96 万字)、《黄河水文志》(82 万字)、《黄河河政志》(64 万字)相继出版,并分别在郑州举行了隆重的首发式。上述这些新闻发布会与首发式,均有当地党政军和各界领导及众多媒体参加。会后,在报刊、广播、电视等媒体上进行了广泛报道,因而对宣传人民治黄产生了积极的社会效应。1998 年,在《黄河科学研究志》(98 万字)及《黄河流域综述》(56 万字)出版后,《黄河志》十一卷全部出齐。为便于读者阅读,1999 年出版了 33 万字的《黄河志书评集》,2001 年又出版了 69 万字的《黄河志索引》。大型多卷本《黄河志》全书 800 多万字,各卷自成一册,全书以志为主体,兼有述、记、传、录等体裁,并有大量图表及珍贵的历史和当代的照片穿插其中。它是高度密集的黄河知识和文化的载体,是科学浓缩的黄河资料集萃。它以被称为"中国之忧患"的黄河由"害"变"利"的历史事实和治黄投资的巨大经济效益,揭示了中国共产党和人民政府领导人民治水的丰功伟绩和社会主义制度的优越性。它不仅是一部全面总结古今治黄经验、探索黄河规律的志书,一部弘扬黄河文化丰富内涵的力作,还是融合历史教育、国情教育、爱国主义教育为一体的优秀教材。

大型多卷本《黄河志》的编纂出版是一项系统工程。它是众多黄河志工作者含辛茹苦的心血结晶。《黄河志》的内容涉及黄河的方方面面和各个学科领域,组织数百名专家学者撰稿审稿,并要求达到内容完全准确又不相互重复和矛盾,是一件很不容易的事。《黄河志》各卷的陆续顺利推出,是黄委会组织众多专家学者联合攻关所结出的硕果。为了保证资料的翔实、准确,十几年来,编志人员摘编资料两亿多字,不仅查阅了黄委会自存的大量古今文献资料,还查阅了北京各大图书馆、中央档案馆,黄河流域各省图书馆、档案馆,南京中国第二历史档案馆的有关资料,而且充分利用了在北京故宫复制的有关黄河的清宫档案 23000 多件,以及兄弟单位提供的资料,并对这些资料进行了去伪存真、去粗取精的筛选和加工。在编辑过程中,编志人员还多次走访重大治黄事件的当事人,并进行过多次野外实地调查,掌握了大量第一手资料,从而在自然与社会、历史与现状、深度与广度上突出了全书的资料性,保证了《黄河志》的编辑出版质量。

我虽然是个新手,过去没有编志经验,但在《黄河志》编纂过程中,也在不断地学习,总结经验、思考研究,曾先后为中国地方志指导小组主办的《中国地方志》、水利部主办的《水利史志专刊》、河南省地方志编委会办的《河南史志》等刊物撰写发表了数十篇文章。

《黄河志》刊行问世后,不少专家学者及广大读者纷纷给黄河志编辑出版部门来信,盛赞这是治黄史上的一大盛举,称赞编辑出版人员办了一件"造福当代、惠及后世"的好事。一个多灾的河流,一个不屈的民族,一部中国人民征服黄河的艰苦斗争史,一个黄河出现新形势、新问题的局面,一个需要黄河安定和水资源供给的改革开放热潮中的中国,这就是大型《黄河志》诞生的时代背景。可以说,只有在当前政治稳定、经济繁荣、改革开放取得重大发展的时期,才有可能完成这样规模的《黄河志》出版工程。我们的时代呼唤《黄河志》,同时它的诞生也适应了时代的要求。据不完全统计,发表在各类报刊上的《黄河志》书评文章有 70 多篇。中国地方志指导小组成员、复旦大学教授、历史地理研究所原所长、博士生导师邹逸麟在书评中盛赞十一卷本《黄河志》"这是黄河历史上具有划时代意义的大事"。他写道:"黄河将是中华民族长期研究的课题,这部《黄河志》将对这种研究起着基础和指导的作用,同时也是我们今天研究黄河认识黄河的百科全书。"著名历史地理学家、方志学家、浙江大学终身教授、博士生导师陈桥驿在书评中指出:"《黄河志》出版,这是我国文化史和水利史上的一件令人鼓舞的大事。""《黄河志》不仅是我国江河水利志中的翘楚,在我国历来的一切书志中,它也具有极端的重要性和崇高地位。"著名方志学家、编审杨静琦在书评中写道:"《黄河志》十一卷本的编纂,是 20 世纪 80 年代以来开展的社会主义新方志编纂工程上的一大创举,这是一项宏大的治黄工程的全面总结、系统研究的科学体系。"她指出:"《黄河志》各卷以明确的观点、丰富的资料、科学的体系、创新的篇目、简明的文风,图文并茂、文表相配地写出了治黄的战绩,特别是浓墨重彩地书写了中华人民共和国成立后治黄工作的重大发展。"曾在黄河上工作过的水利部专家赵之蔺说,读了《黄河志》的部分分卷,感到"如逢故人","韦编三绝,每爱不释手,而又常百感交集,掩卷沉思,认为志书存史、资治、教化的目的《黄河志》当之无愧地已经达到,且臻上乘"。他呼吁:"建议选编或改编《黄河志》中某些章节到中小学史志课本中,俾使母亲河的形象深入人心。"

目前,已出版的《黄河志》各分卷,已发行到海外。著名的美国国会图书馆为收藏《黄河志》,曾委托美国驻华大使馆派专人来郑州购买。一些国内外学者来郑州访问,指名要到黄委会黄河志总编辑室来拜访,借以交流黄河史志研究方面的有关问题,并购买《黄河志》书籍。日本学者庆应义熟大学教授西野广祥,读过《黄河志》后,从日本分别致函黄河志总编辑室、河南人民出版社社长和黄河水利委员会,谈读后感。他说:"我坚信出版发行《黄河志》,不仅是对中国文化的贡献,对人类来说也一定是宝贵的财产。而且,《黄河志》使我对中国的过去、现在和未来充满无限的兴趣。"

《黄河志》各分卷陆续出版以来,以其科学性与实用性的统一在广大读者中逐步树立了权威。有的把《黄河志》作为工具书置于案头,在业务工作中随时参考。黄委会原主任李国英在一次会议上说:"我的一套《黄河志》常放在案头,有什么问题就随时查一查,对我很有用。"北京中央档案馆曾专门来函,要求收藏《黄河志》。不少图书馆、档案馆资料室将《黄河志》作为重要资料、文献书借阅或存档;有的大、中专院校作为教学必备参考书;有的老同志如四川水利厅高级工程师徐慕菊专门汇款购买《黄河志》作为珍藏图书准备留传后代;有的自费购买作为母校校庆的珍贵礼品;有的以志书为基础组织开展黄河知识竞赛;有的指定《黄河志》

为对职工进行爱国家、爱社会主义和爱黄河教育的教材等。

另外,在《黄河志》陆续刊行问世后,在为现实服务方面也取得了显著成效。志书中搜集整理的大量历史水旱灾害资料成果,为防汛、抗旱提供了有益的借鉴和科学的依据。志书中提供的不少黄河历史洪水及古河道资料等,为有关规划设计工作提供了参考资料。《黄河河政志》提供的古今治河法规的大量资料,为当前正在研究制定的《黄河法》提供了重要的参考资料。《黄河志》有关山东部分记述的成果资料,曾为济南市的"引黄保泉"工程所利用,"黄河河口变迁与治理"的部分成果,为胜利油田和开发黄河三角洲提供了借鉴。已出版的《黄河志》各卷,为黄河经济带和"一带一路"开发研究提供了资料依据。同时,多年来已出版的《黄河志》各分卷,被反映黄河的影视文艺、音像等作品的创作人员,作为重要基础资料而加以利用,《黄河志》正在发挥越来越大的经济效益和社会效益。

"心血染风采,深情凝巨帙。"退休以后虽然我的人离开了总编辑室,但仍经常参加总编辑室委托的一些工作,我的心并没有离开。随着岁月的流逝,《黄河志》分卷相继出版以来,总编辑室已有8位同志先后逝世,永远地离开了我们,其中包括2015年去世的、终年103岁的总编辑室首任主任徐福龄,他为《黄河志》做出了杰出的贡献。总编辑室下属7个局(院)编辑室,有20多位编志工作者也先后驾鹤西去,长眠于地下,他们兢兢业业、苦干实干的精神永远留在我的心里。

展望未来,首届《黄河志》编纂出版虽已圆满完成,但黄河志事业仍然任重道远。当前,根据社会各方面的需要,河南人民出版社已决定将大型多卷本《黄河志》全套加印一部分。另外,根据国务院颁布的《地方志工作条例》,明确规定地方志20年续修一次,水利部也提出了续修江河水利志的任务。首届大型《黄河志》出版迄今已近30年,30年来治黄事业经历了飞跃发展,黄河的面貌也有了很大的变化,续修《黄河志》非常必要,这项工作正在积极筹划。相信随着治黄事业的发展,编修《黄河志》事业也一定会持续发展下去。它将更好地为当代治黄服务,为后代人民造福。

（原载《黄河史志资料》2017 年第 3 期）

提要钩玄　网罗全局

——编写《河南黄河志·综述篇》的体会

《河南黄河志》是以反映河南省黄河河段为主的一部黄河专志。它着重记述河南黄河的特点,反映河南治河的历史与现状。志首设"综述"一篇。目的是为了提要钩玄,网罗全局,突出中心,概述全书。用简要的文字,勾勒出河南黄河的特色及治黄事业的大势大略,使读者首先鸟瞰全书,从"宏观"上认识河南黄河全貌,起到提纲挈领的作用。

这篇"综述"从体例上看,实际是一篇"概述"。为什么不用"概述"而用"综述"呢? 这是为了更好地体现专志的特点,同时也避免与志书第一篇"河南黄河概况"在"概"字上重叠。

"概述"是地方志的重要组成部分。新方志设"概述"篇是对旧志的一个发展,也是新方志的一个特色。通过"概述"记述志书的基本内容和中心思想,可以展现形势,揭示全貌,做到以纲带目,更好地发挥新方志的功能。

"概述"的特定要求,决定和限制了它的篇幅容量,因此内容不宜过多,记述不能过于详尽。要在"概"字上狠下功夫,并注意写实,使之与志书所记述的具体内容相呼应,避免过多的重复。

《河南黄河志·综述篇》全文七千多字。它的主要内容是:简介河南黄河概况,力据事实,阐述河南境内黄河历史上的治和乱往往与当时的政治、经济盛衰紧密相关。自古以来河南就是治黄的重点地区之一。简介河南黄河治理的成就,着重记述人民治黄以来在共产党领导下河南黄河所发生的巨大变化,以及黄河在当前河南经济建设和人民生活中正在发挥着越来越大的作用。在叙述河南治河史的同时,将毛泽东、周恩来等老一辈无产阶级革命家对治黄事业的关怀和人民治黄机构的沿革、人民治黄队伍的发展等穿插其中。最后,以赞颂黄河的巨大变化及其雄浑的气势,并展望未来的光明远景结束全文。

《河南黄河志·综述篇》(以下简称"综述")在编写中注意了以下几点。

一、概述历史,揭示特色

黄河是中华民族的摇篮。河南黄河处于黄河中下游的部位,是中华民族发祥地之一。历史上曾有不少王朝在这里建都,在当时是全国政治、经济的中心,并在这一带创造了光辉灿烂的古代文化。"综述"在概述历史时着重突出以下四个主要方面:一是根据考古发现,河南黄河两岸开发很早,历史悠久。中国古代史自夏、商、周起,迄北宋,政治、经济中心都在河南黄河两岸一带。中国六大古都,其中有两个就在河南黄河沿岸。二是用事实说明河南黄河两岸之所以文化昌盛,经济发达,是和它优越的地理环境和自然条件分不开的。其中重要的自然条件之一就是黄河。今天肥沃富饶的华北大平原,就是远古黄河冲积而成的,河南黄河两岸一带是中国最古老的农业区。三是列举历史上黄河灾害,说明在漫长的历史时期内,由于黄河得不到有效的治理,造成下游洪水泛滥,给河南人民带来深重的苦难。其中有些灾害是自然因素造成的,也有些是统治者人为的破坏结果。四是突出河南人民为了生存,同黄河洪水灾害作斗争的情况。历史上出现过不少著名的治水人物,但由于社会制度和科学技术水平的限制,都未能从根本上改变黄河危害的历史。

通过以上集中而又简要的"概述"揭示了河南黄河的特色,即:(1)黄河在河南的地位十分重要。(2)历史上黄河在河南的灾害十分严重。(3)黄河治理的历史十分悠久。

一部志书的"概述",也可以说是一个地方的略史。在纵的方面注意把历史方面的东西写好,使其浓缩化,并紧扣主题,对更好地反映志书中心内容将会发挥较好的作用。

二、面中有点,举要述事

要写好"概述",既要做到高度概括,言简意赅,又要写得集中,做到画龙点睛,中心突出。一篇文章,应只有一个中心,如果贪多求全,就会造成像古人所说的"势必散,散则乱,乱则愚"。"综述"在编写中注意了紧紧围绕河南黄河这个主题,精选与河南黄河有关的资料,不写与河南黄河无关的事。

在反映河南黄河这个"面"时,注意了"面中有点,举要述事",即选取典型事例来加以表述。如反映人民治黄成就时,运用大量数据着重记述了以下内容:(1)进行了规模巨大的防洪工程建设。早在解放战争时期,解放区军民就一手拿枪,一手拿锨,开展了对"蒋、黄"的斗争,进行了修复堤防的工程。新中国成立以来,河南每年都有几万至几十万人战斗在黄河工地上,对河南黄河大堤已先后三次进行了全面加高培厚。(2)为解决渗水管涌的问题,河南黄河两岸利用黄河多泥沙的特点,进行了放淤固堤。既加固了堤防,又节约了投资。(3)堤防绿化。(4)有计划地进行了河道整治。(5)在黄河干流上修建了三门峡水库,在支流伊河上修建了陆浑水库,开辟了北金堤等滞洪区,修建了渠村分洪闸等,初步建成了防洪工程体系。(6)依靠防洪工程体系和人民防汛大军,已连续取得三十七年伏秋大汛不决口的伟大胜利,扭转了旧社会三年两决口的险恶局面。(7)发展了引黄灌溉和城市供水。

又如在反映党和国家对治黄工作的关怀和重视时,着重记述了:(1)1952年毛主席亲临黄河视察,发出"要把黄河的事情办好"的号召,以后三年内又接连四次听取治黄工作汇报。(2)周恩来总理生前一直亲自领导治黄工作。"综述"中着重写了有周总理参加的1958年战胜黄河新中国成立以来最大洪水的斗争。（3）三门峡工程建设过程中，刘少奇、朱德、邓小平、陈云等许多中央领导同志均曾先后到工地视察。（4）新中国成立以来，国家一直把黄河下游防洪列为重点建设项目，历年给予大量投资。在经济困难时期，甚至动用国家总预备费来支持黄河下游防洪建设。

通过上述有重点的记述，便勾勒出波澜壮阔的人民治黄伟大群众斗争的主要轮廓，使读者对治黄工作的地位和作用有了较明确的认识和理解。

三、前后对比，反映变化

注意运用事实、数字等资料进行前后对比，可以使人们产生鲜明的印象，是表述事物本质的一个主要方法。

"综述"在结构安排上，运用了前后对比的方法。如在叙述了旧社会黄河在河南为害的历史后，引用了"只有社会主义能够救中国"。这时笔锋一转，以下着重记述新中国成立以来，党领导人民在根治黄河水害、开发黄河水利资源方面所做的大量工作以及取得的伟大成就。用大量事实充分反映了过去被称为"中国之忧患"的黄河所产生的巨大变化。

另外，在较详细记述了1958年战胜花园口洪峰流量22300立方米/秒的大洪水的事迹后，随即与国民党政府统治时期的1933年大洪水作了对比。"一九三三年，黄河陕县水文站流量二万二千二百立方米/秒的洪水，而下游决口漫溢一百〇四处，淹没河南、河北、山东、江苏等省三十个县，面积达六千五百九十二平方公里，受灾人口二百七十三万，死亡一万二千多人。"说明"同样是一条黄河，发生同样的洪水，社会制度不同，结果也截然不同"。使新旧社会形成极其鲜明的对照。

在运用对比方法时，力据事实，适当地有记有论，"夹叙夹议"，往往能更好地表现主题。

四、情动于衷,注意文采

著名方志学家章学诚提出的修志"四要",即"要简、要严、要核、要雅"。从文字的角度上说,就是要求精练、严肃、准确、优美。人们读志书时,往往首先读概述篇,概述篇的文字如何,对吸引读者饶有兴味地阅读全志具有一定作用。因此,概述篇不仅应具有可读性,而且在语言上应该达到文采斐然,雅俗共赏。

"综述"在编纂中注意力求语言的流畅,避免干巴巴的政治说教,力戒故意堆砌许多华丽的词藻,使读者得不到简明真切的感受。如记述旧社会治黄时,写道:"国民党统治时期,名义上虽设有黄河水利委员会,但政治腐败,贪污盛行,水利失修,灾害频仍,当时人称河南有四大害,'水、旱、蝗、汤'。"其中的"水"就是指黄河的水灾而言。这里引用了河南民间流行的"水、旱、蝗、汤"的说法,较为贴切。又如记叙河南黄河大堤基本上实现了绿化时写道:"如今雄伟的大堤宛如两道水上长城,又似两条葱郁的林带,气势磅礴,蔚为壮观。"寥寥数语,较为形象地勾勒出黄河大堤的真实面貌。又如在"综述"的结尾,在概述了河南黄河的历史性变化后,情动于衷地写道:"滔滔黄河水,滚滚东流去。它滋润着古老的中州沃土,哺育着黄河流域内的各族人民,在郑州黄河游览区,头戴斗笠、手握耒耜的大禹塑像,庄严地竖立在大禹岭顶端。身着古装、怀抱婴儿的黄河母亲塑像引人沉思,发人深省。每当中外来宾登临邙山之巅。举目远眺奔流的大河时,莫不为黄河的雄浑气势所感奋。""事实雄辩地说明,中国人民有能力有志气把黄河改造成为造福人民的巨流。"这些带有抒情笔调的语言,既抒发了对黄河的赞美,又使文章放慢了节奏,使"综述"做到有张有弛,给读者以思索的余地。

当然,由于作者水平有限,写作时比较匆忙,在文字上没有下一番精雕细琢的功夫,在文采方面做得还很不够。另外,由于初学乍练,缺乏经验,这篇"综述"在思想性和科学性等方面肯定还存在许多不足之处,希望同志们赐教并指正。

（原载《河南史志》1987 年第 1 期）

在《黄河勘测志》"测绘篇"
评审会上的发言

（1991 年 6 月 18 日）

《黄河勘测志》"测绘篇"在设计院和测绘总队领导的关怀和支持下，经过编志人员多年的努力奋斗，现已完成送审稿。今天，设计院邀请会内外专家、领导同志、新老测绘工作者和熟悉情况的老同志，济济一堂，召开隆重的评审会，这是值得我们庆贺的一件喜事。将黄河测绘工作编纂成志书，这在治黄史上是第一次，是个创举。从此，在我们黄河志的园地里，又增添了一部内容丰富、资料翔实的成果。我代表黄河志总编室向会议表示祝贺，向应邀参加评审的来宾表示欢迎，向参与编纂本书的编志人员所付出的辛勤劳动，表示由衷的敬意和感谢！

我作为曾在黄河测绘战线工作过十几年的测绘老兵，对"测绘篇"的编修成志，有着一种特殊的感情。读了"测绘篇"，就使我想起作为测量尖兵，在黄河两岸那曾经度过我们青春年华的峥嵘岁月，想起那些曾经为治黄测绘事业而献出宝贵生命的战友，想起我们很多测绘战士为了治黄事业"献了青春献终身、献了终身献子孙"的崇高革命精神。"测绘篇"翔实地记载了黄河测绘事业的历史与现状，同时也反映了测绘工作者"艰苦奋斗、无私奉献"的精神。毫无疑问，包括"测绘篇"在内的《黄河勘测志》不但为黄河以及全国勘测事业提供可以借鉴的历史经验，而且它在教育青年一代继承先辈的光荣传统中，必将发挥重要的作用。

现对这部志稿谈些具体的看法。

一、资料丰富，叙述比较周详

（1）叙述了黄河测绘工作的各个方面，门类比较齐全，项目比较完备。从测绘机构到测绘管理，从天文测量、基本水平控制、重力测量、卫星大地测量到高程控制测量、地图测绘、水利工程测量等，都进行了记述。

（2）既做到了详今略古，又注意了统合古今。测绘事业是人类认识自然的一种手段，是改造自然、进行建设的一项基本工作，它随着人类文明的发展而发展。它的发展史是比较悠久的。"测绘篇"既记载了40多年来黄河测绘事业的巨大成就，也追述了古代、近代黄河测绘事业的发展，有着比较详细的背景资料。例如早在尧舜时期就有专人掌管天文和地图，天文观测追溯到公元前1112年周公姬旦在今河南登封告城镇建土圭测影台，地图编绘从公元223年魏晋时裴秀编绘《禹贡地域图》写起，这就使我们看出，测绘事业有今天离不开自古以来的发展。要治黄首先要搞测绘，建立治河机构，随即就要建立测量机构，这在新社会或旧社会，都概莫能外。本书叙述以中华人民共和国成立后为重点，同时也叙述了清代、民国时期黄河测绘活动的发展状况，从中可以看出，治河活动的起伏与测绘事业的兴衰有着紧密的联系。

（3）既重点叙述了黄委会的测绘工作，又叙述了国家、军队及其他兄弟单位在黄河流域开展测绘工作的情况。充分说明，黄河测绘事业的成就是众多单位、广大测绘工作者共同奋斗所取得的成果。

二、忠实于历史真相

黄河测绘事业40多年来取得了巨大成就，但是众所周知，由于历史的原因，也走过弯路，产生过失误和挫折，为此而付出了沉重的代价。新中国成立以后至1957年，是黄河测绘事业发展顺利、成就巨大的时期，尤其是三门峡测量大会战的成就至今仍令人称羡不已。1700多人，来自十几个单位，且第一次使用苏联规范，大家发扬苦干、实干精神提前完成了任务,质量受到苏联专家和黄河规划委员会的称赞。本书称之为"成为黄河测绘工作一个划时代的转折"。可是,1958年以后进行的黄土高原区1∶5万航测成图,在当时"大跃进"影响下,受到了严重的挫折。总计摄影566幅,黄委会干了12年只完成合乎基本标准的76幅,仅占1/8,全部报废的有100多幅,造成了人力、物力的巨大浪费,是个惨痛的教训。本篇既写了成就,也如实地写了测绘工作中的这些失误和教训,是非得失,秉笔直书,这种对历史的问题采取历史的态度的做法是应该肯定的。

三、结构严谨,文字比较精练

本书坚持了横排竖写,纵述始末,语言坚持记述体,专用词汇力求减少。在专业性很强的情况下能写到现在这个程度,也是不容易的。是否完全符合志体,现在也不好下定论。不过,从现实效果来看,既没有写成科技报告或工作总结,也没有写成教科书;既没有搞成纯资料汇编,也没有搞成"测绘成果简介"。

这部志书之所以取得上述成就,当然与设计院、测总的领导和支持分不开。我认为很重要的一条是与它的主要编写人李凤岐同志八年如一日,兢兢业业,锲而不舍的刻苦精神分不开的。李工1940年大学毕业后即到黄河上工作,在测绘战线几乎工作了半个世纪,而且长期任测绘高级技术领导职务,他参与了黄河测绘工作的许多重大决策,经历过黄河测绘工作的许多成功与失败,对测绘事业的兴衰有许多深刻的切身体验。李工的这种独特的经历为编写一部质量较高的"测绘篇"创造了极为有利的条件。他虽年事已高(78岁),视力下降,但记忆力强,思维仍然敏捷,而且他对编志有浓厚的兴趣。特别可贵的是他对修志工作有强烈的责任感和事业心。还有我的老战友涂雪樵同志也参加了"测绘篇"的编写工作。我很愿借此机会向他们二位表示个人的敬意。他们在退休之年,以辛勤的笔耕为黄河志做出了贡献,为治黄事业做出了贡献。他们的名字将与"测绘篇""勘测志""黄河志"永存。

这部志稿虽说有不少优点，取得了一定成绩，但并不是说就没有问题了。我认为在篇目结构、资料使用、图表配置、文字表达等方面还存在不少问题。比如说，仅错别字我随手记了 50 处。再如"测绘管理"光写黄委会的测绘管理是不太恰当的，因为这是《黄河勘测志》。据我了解，目前黄河流域好几个省的水利志已经出来了，有的测绘志已完成初稿了，可以参考一下。其他存在的问题我不再多说，还是让大家来评审吧。我相信通过这次评审，一定会将这部志书修改得更好。

当前，《黄河志》编纂已进入出书阶段，中央有关领导及水利部对《黄河志》的编辑出版都很重视，继去年钱正英副主席为《黄河规划志》作序以来，今年 5 月 7 日，田纪云副总理为《黄河防洪志》又写了序。今年计划出版的三卷志稿——《黄河防洪志》《黄河规划志》《黄河大事记》，河南人民出版社将其列为重点和创优产品，出版社从社长到编辑都很重视，目前正在紧张排版、校对中。

《黄河勘测志》要保证明年顺利出版，还有许多工作要做。首先是通过这次评审会，在大家提出意见的基础上，认真对志稿进行修改和深加工，要坚持高标准，搞好"齐、清、定"。最近河南省地方志编委会开会，省商管委介绍《商业志》的经验，他们提出"细箩过滤，精心修改，工笔清稿，细致核查"，要做到"拿出去像个样，细琢磨无漏洞，发排后不推版"。俗话说："行百里者半九十"，最后这一段也不容易走，得有耐心和毅力，要有一股冲刺精神。我希望这次评审会以后要一鼓作气，趁热打铁，将志稿修改工作抓紧完成。完成这一任务，是历史赋予我们这一代测绘工作者的光荣使命。我祝愿大家共同努力，为出版高质量的《黄河勘测志》做出更大贡献！

（原载《黄河史志资料》1991 年第 3 期）

在《黄河水利水电工程志》
评审会上的讲话

（1994 年 6 月 28 日）

《黄河水利水电工程志》经过七八年的编纂已完成"送审稿"，今天在郑州举行评审会，来自西北勘测设计院、武汉水电大学，甘肃、宁夏、陕西、河南等省区的专家和黄委会以及设计院的领导、专家们共聚一堂，集思广益，对志稿进行评审，这是黄河志编纂史上的一件大事，我代表黄河志总编室对远道而来的来宾表示热烈欢迎！对参加编志的同志所付出的辛勤劳动表示衷心慰问和感谢！

下面我讲三个问题：

一、《黄河水利水电工程志》是《黄河志》的重要组成部分

《黄河志》是中国历史上第一次大规模编纂的系列江河志书，这是一部以黄河的治理和开发为中心，用大量丰富翔实的资料，全面系统地记述黄河治理的历史与现状的志书。全书计划 800 多万字，共分十一卷。按类型分，大体上可分为三类：第一类是治黄的基本工作，有水文志、勘测志、规划志、科研志；第二类是治黄的实质性工作，或称主体工作，有防洪志、水土保持志、水利水电工程志；第三类是综合性的，有大事记、流域综述、人文志、河政志。《黄河水利水电工程志》的内容属于治黄的主体工作，是实质性的工作。治黄的许多标志、图案上往往都是一座大坝、一座铁塔，意味着工程是治黄的主体。从治黄投资上也可以看出来，我们最近编了一部《黄河河政志》，其中"治河经费"一篇中作了初步统计:新中国成立以来黄河下游防洪经费,截至 1987 年为 47.5 亿元,新中国成立以来黄河水土保持经费,截至 1989 年为 93.9 亿元,而新中国成立以来治黄工程经费:干流大型枢纽工程为 41.6 亿元,支流水库及灌区经费为 56 亿元,以上合计为 97.6 亿元,尚不包括城市及大型工业供水。如包括供水则要达到 100 亿元以上。也就是说工程经费占治黄投资的相当大部分。当然枢纽工程本身也发挥防洪、水土保持的效益。充分说明,兴建治黄工程是根治黄河水害、开发黄河水利的主要手段,是人类征服黄河自然灾害的重要武器。

治黄工程有着悠久的历史,也有辉煌的现实。引漳十二渠、西门豹治邺,是公元前 422 年,距今 2400 多年。开郑国渠是公元前 246 年,迄今已 2200 多年。新中国成立以来治黄工程有许多"全国第一",如第一次由全国人民代表大会通过规划,确定工程,这就是治黄规划和治黄工程,全国第一个大工程就是三门峡工程,除毛主席外,党和国家领导人周恩来、刘少奇、朱德、邓小平、董必武、陈毅等基本上都到工地来过,还有各国元首、总统、总理等外宾,这在国内水利工程上是罕见的。龙羊峡工程,迄今仍保持库容全国第一、坝高第一、单机容量第一。

目前我国在建百万千瓦以上的水电站共 12 座,其中黄河上就有三座,即李家峡 200 万千瓦、小浪底 180 万千瓦、万家寨 108 万千瓦。还有,在一条全国性的大江大河上,兴建了工程又加以废除的又是在黄河上。如花园口工程、位山工程、泺口工程、王旺庄工程等,一部治黄工程的建设史,是人们认识黄河、研究黄河的历史,是一个认识—实践—再认识—再实践的历史,其中蕴涵了人们用血汗换来的经验与教训,有着丰富的内涵,是一本活的水利教科书,是一笔宝贵的精神财富。人们早就希望有一部全面系统地记述黄河水利工程历史与现状的大型志书问世,作为认识、研究和开发黄河的参考和借鉴。现在这部志书,经过我们编志工作者的努力,终于出现了,这就是《黄河水利水电工程志》。

我到黄委会来工作今年正好是 40 周年,当时就是为了三门峡工程而来的。在座的许多老同志,搞了一辈子黄河水利工程,不少同志都盼望着有一部完整的工程志,有的甚至梦想着这一部书的出现,今天这个梦快要圆了,一部功泽后世的皇皇巨著即将诞生了。它是一部绚丽多彩的治黄历史画卷。它是中国共产党和人民政府领导亿万人民治水,初步改变黄河面貌的真实写照,是世界人民了解中国人民治黄斗争的一个重要窗口。因此,《黄河水利水电工程志》的编纂出版是治黄事业发展的需要,也是国家"四化"建设发展和改革开放的需要。

二、《黄河水利水电工程志》是各方协同、团结修志的产物

黄河水利工程散布于流域各省,战线很长,范围很广,要想把这些水利工程的兴建历史与现状,编成系统、全面而又严谨、准确,具有高度科学性的志书,只依靠黄委会或少数部门是不行的,它需要流域各省、各个部门及社会各方面力量的广泛协作,才能完成这个巨大的工程。《黄河水利水电工程志》之所以能较快地编纂成功,是与沿河八省区水利水电厅局和有关水电工程局各灌区管理局及其他有关单位的协同配合分不开的。特别是水电四局在施工繁忙、人员紧张的情况下,抽出专人组成班子,提供了龙羊峡、刘家峡的工程志初稿。在水电十一局的协同配合下,黄委会三门峡枢纽局提供了三门峡工程志初稿。甘肃省水利厅、宁夏水利厅、内蒙古水利厅、山西汾河管理局、陕西水利水电厅等单位提供了各大灌区的资料和志稿。流域内许多供水单位提供了供水的资料。几年来,黄委会设计院编志人员到各省、各单位搜集资料时,都得到各省有关单位的大力支持和协助。这期间,由水电四局和三门峡枢纽局主持邀请有关专家参加,于 1989 年 5 月和 10 月分别在三门峡市和青海西宁市召开过三门峡和龙羊峡、刘家峡工程志稿的评审会,为我们《黄河水利水电工程志》编成一部质量比较高的志书打下了坚实的基础。因此,可以说,《黄河水利水电工程志》是各方协同、团结修志的产物。黄委会与水电四

局以及沿河各省水利厅局协同修志,不讲报酬,不讲条件,互相支持,团结修志的事例,多次受到水利部等有关领导同志的表扬,在全国江河水利志部门被传为佳话。

当前,《黄河水利水电工程志》的"送审稿"虽然已经出来了,但是最终完成《工程志》的修改完善和出版任务,仍然还有一段路要走,需要继续发扬我们各单位之间的团结协作精神。我们能不能顺利完成《黄河水利水电工程志》的出版任务,在某种程度上说,要看这种协作是否成功。这次各单位的专家来参加评审会,是我们团结协作修志的又一次实践,开好这次会议,是编好这部重要专志的关键一环。

三、我们要花大力气,把《黄河水利水电工程志》编成一部高品位、高格调、高质量、高水平的志书

《黄河水利水电工程志》既然这么重要,我们一定要花大力气,把它编好。人们常常把黄河水利工程比喻为大河上的一颗明珠或一串明珠,《黄河水利水电工程志》也应当是黄河志百花园里的一颗闪烁着特殊光彩的明珠。《黄河志》的意义和作用,关键在于志书的质量。去年中国地方志指导小组召开的第九次会议,针对当前状况,提出若干意见,如:加强资料工作,坚持实事求是,提高科学性、整体性,精练文字,杜绝差错等,这些意见很重要,对我们《黄河志》编纂也很有针对性,对提高志书质量有指导意义,我们应该认真执行。

我们志书的质量标准究竟是什么?我认为应当从五个方面考虑,即:政治标准、体例标准、资料标准、文字标准和出版标准。

在政治标准方面,我们要坚持以马列主义、毛泽东思想为指导,统率全书,贯通全志,要坚持四项基本原则,不违背党的路线、方针、政策,在政治观点上要求不出现任何问题。

在体例标准方面,一部高质量的志书,应该是翔实可靠的内容与尽可能完善的体例的统一,保证志书的科学性、整体性。从工程志来讲,述、

记、志、图、表、录等体裁,要设法融为一体。

在资料标准方面,所有资料要求翔实、准确,不得有半点虚假,要经得起历史的考验。志书资料既要有广度,又要有深度;既要反映成绩,又要反映失误与教训,资料来源要有根据,有出处。资料运用上要科学处理好交叉关系,力避不必要的重复。选材上,要注意反映黄河特点,但专业性、技术性不要太强,一般文化水平的人要能读懂。

在文字标准方面,文字要求严谨、朴实、简洁、流畅、规范。出版标准方面,必须达到齐、清、定的要求。校对要严肃认真。

上面说过,我们要下决心编出一部"高品位、高格调、高质量、高水平"的《黄河水利水电工程志》。工程志有没有"品位"与"格调"的问题?工程志的"高品位"与"高格调"表现在哪里呢?我认为并非只有文艺作品才有品位与格调的问题,其他作品应该也有,不过表现形式不一样罢了。所谓"品位",原来指的矿石含有用成分所占的百分比,如富矿、中矿、贫矿,这里指的是作品在意识形态领域所处的地位,在精神文明建设方面所发挥的作用。所谓"格调",就是指志书的风格。风格是在编纂过程中所表现出来的结构特色和创作的个性。《黄河志》的风格是在《黄河志》编纂过程中长期形成的,是在处理资料、提炼主题、驾驭体裁、记述事件的手法和语言文风的运用等方面,逐步形成的一种特色。《黄河志》的风格是经过长期编志实践形成的,是编纂工作逐步成熟达到一定成就的标志之一。我以为《黄河志》的风格概括说来就是要努力达到严谨、充实、庄重、典雅、简洁、明快。这种风格有助于表现黄河的博大精深,有利于适应广大读者多方面的需要。

总之,我们一定要努力将《黄河水利水电工程志》编成一部高品位、高格调、高质量的志书,编成一部有魅力的、人们都喜爱读的书。

《黄河志》已经正式出版了五卷,第一批成果三卷即《大事记》《防洪志》《规划志》出版时于1992年1月召开过一次新闻发布会,30多家新闻单位进行了报道,掀起了一个宣传高潮,接着《防洪志》获得中宣部"五个一工程"优秀图书奖、第六届中国图书奖一等奖、河南省优秀图书一等奖、北方15省区市优秀图书奖,这三部书最近又获得河南省社会科学优秀成果荣誉奖。

那第二批成果两卷,即《水土保持志》《勘测志》出版后,于今年4月25日在西安召开了首发式,20多个新闻单位参加,进行了宣传报道,掀起了第二个宣传高潮。就在首发式召开后三天,河南省优秀图书奖评奖,将《黄河水土保持志》评为1993年度优秀图书一等奖。接着,该书又荣获北方15省区市优秀图书奖。

在《工程志》出版后,我们设想明年还要开新闻发布会、座谈会或首发式,目的是宣传治黄成就,总结历史经验,推动治黄工作前进。我们黄河志工作者一定要以高质量的《黄河水利水电工程志》奉献于社会,为振兴黄河做出我们应有的贡献!

（原载《黄河史志资料》1994年第3期）

附录

河南黄河志编纂始末

1981 年 11 月 16 日,河南省地方志编纂委员会成立。黄河水利委员会主任王化云参加会议并被选为副主任委员。会上确定,《河南省志》初步拟编十六卷,其中第五卷为《黄河志》(以下称《河南黄河志》),分工由黄河水利委员会和河南黄河河务局负责编写。

1981 年 11 月 19 日,王化云召集黄委会及河南黄河河务局的有关负责同志开会,研究《河南黄河志》的成志方法,决定以黄委会为主,成立编纂班子,河南黄河河务局抽人参加。确定这项工作由黄委会副主任杨庆安主管,并成立了八人组成的黄河志编辑室,开展编志工作。

1981 年 11 月 30 日,杨庆安召集编志人员开会,研究了编纂《河南黄河志》的任务和要求,并初步拟定了《河南黄河志》编纂大纲。但因人员难以集中,工作未全面展开。

1983 年 3 月,黄委会机关机构改革中,黄河志总编辑室正式成立并列入机关正式编制,任命徐福龄为总编室主任,袁仲翔、王质彬为副主任(1985 年 1 月 3 日,总编室主任改由袁仲翔担任)。总编室成立后,迅即开展了编纂《河南黄河志》的准备工作。

1983 年 3 月 31 日,王化云听取关于黄河志工作的汇报,对编志工作做了指示。4 月 22 日,中共黄委会党委听取黄河志工作汇报,并研究确定成立黄河志编纂委员会。1983 年 7 月 5 日至 8 日,黄河志第一次编委

（扩大）会议在郑州召开，黄河志编委会主任袁隆在会上作了报告，副主任戚用法作了总结。会议研究了黄河志编纂的指导思想、原则、方法和注意事项等，并讨论了《河南黄河志》编纂大纲。会后根据讨论意见，对大纲进一步作了修改，于8月21日黄委会以黄办字（83）第12号文转发了《河南黄河志》编纂大纲（第四次修订稿）和《河南黄河志》编纂计划及编写分工意见。意见规定，《河南黄河志》共4篇16章56节。分别由黄河志总编室及河南黄河河务局、勘测规划设计院、水文局、水利科学研究所、黄河水利学校、黄河技工学校等业务部门编写。黄河志总编室负责总纂成书。

根据黄河志第一次编委（扩大）会议精神，各有关单位先后建立了编志机构，抽调人员开展编志工作。

河南黄河河务局1983年8月11日成立黄河志领导小组。12月6日至7日，由河务局副局长、编志领导小组副组长叶宗笠主持召开了有各修防处段及局直有关单位参加的编志工作会议，通过了《河南黄河志编写工作意见》，对河南黄河河务局分工编写部分进行了安排，提出了编写进度和质量等方面的要求。以后在编写过程中，一直由河南黄河河务局副总工程师、黄河志领导小组成员刘于礼负责主编及审稿工作。

水利科学研究所于1983年8月22日成立黄河志编纂领导小组，组长李葆如，成员钱意颖、王涌泉。编写小组副组长王涌泉。1985年3月，编写小组组长由刘振东担任。

勘测规划设计院于1983年8月27日成立黄河志编纂领导小组，名誉组长王锐夫，组长陈席珍，副组长沙涤平、陶育麟，成员孟晓东、郝步荣、沈衍基、吴致尧、李凤岐、王居正、杜立、彭勃、袁澄文、杨文生、张成淼、郭长江、李鹏。12月8日成立设计院黄河志编辑室，总编辑吴致尧，副总编辑庄积坤、王甲斌。1985年3月26日，设计院黄河志编辑室改组，主任为成健，副主任杨文生，主编吴致尧，副主编庄积坤、王甲斌。

黄河水利学校于1983年9月12日成立黄河志编辑组，组长杨俊杰，副组长李润生。

水文局于1983年9月成立黄河志编辑室,负责人为韩学进。1984年3月6日至3月9日由水文局局长董坚峰参加,召开了有各水文总站参加的编志工作会议,研究了开展编志工作问题。以后于1984年10月11日,水文局黄河志编辑室改组为黄河志编纂办公室,主任董坚峰,副主任孔祥春,主编韩学进。

三门峡水利枢纽管理局于1985年3月26日建立黄河志编写领导小组,组长吴柏煊,副组长陈士林,主编张馨。

各编志单位从1983年9月以后,即逐步开展资料搜集工作。充分运用了参阅摘录旧志和历史资料、查阅档案、走访当事人、发动老同志写回忆录、开座谈会、抢救"活资料"及向社会上征集治黄文献资料等方法。约历时半年,到1984年3月间,陆续进入试写志稿阶段。

为了统一试写的思想,一方面组织编志人员学习有关修志的文件,掌握编写社会主义新方志的必要知识,另一方面又研究了旧志的特点,探讨了编志的继承和创新问题。同时在编志人员中反复强调要有敢于首创的精神,要勇于尝试,克服想等别人拿样板后再动手的观望思想。根据省志的规模,确定每节以5000至10000字为原则,最多不超过15000字。全书要掌握在50万字上下。这些问题解决后,至1984年4月,总编室同志即写出了三四节,并作为试写稿印发有关同志及有关单位征求意见。此后,其他各节的编写也加快了速度,至1984年11月已完成试写稿32节共30多万字,占全书的60%左右,取得了初步成果。

1984年11月20日至24日,由黄委会副主任戚用法、吴书深主持,在郑州召开了《河南黄河志》试写稿研讨会,对已完成的试写稿进行初步审查。河南省地方史志编委会主任邵文杰参加了会议并讲了话。参加会议的还有著名方志专家、河南省社会科学院历史研究所副研究员刘永之,以及河南省水利、地理、地震、交通、气象、卫生等专志的负责人,长江志、松花江志、辽河志的领导同志也应邀来郑参加了会议。会前曾将待审阅的试写稿分送会议参加者,使其有足够的阅稿时间。会上,对试写稿逐章逐节进行了评论。大家认为这一批志稿的基础是好的,篇目结构比较合理,资料比较丰富,符合"三新"原则,基本上突出了黄河特点。同时,对这一批志稿存在的问题和不足之处也提出了不少意见。在提意见时都是开门见山,有的放矢,做到了言之有物。同时还提出修改办法和具体意见。在审议试写稿的同时,对专志如何反映行业特点,如何体现黄河特色,怎样更能符合志体等方面进行研讨,为进一步修改好志书提出了许多中肯的意见。

1984 年 12 月,黄河志总编室将已完成的试写稿打印件分发黄河志各编委及有关领导同志审阅。黄委会顾问王化云对试写稿中的"解放战争时期治黄""治黄方针""三门峡水利枢纽工程""治黄机构"等章节进行了审阅,并提出了修改意见。

1984 年 12 月 25 日,河南省地方史志编委会召开省直修志工作会议,会上明确提出省直各专志分两步走的成志方针,即先按行政管理体制、系统及业务范围写出部门志,然后在部门志的基础上按《河南省志》的总体设计和体例要求,经综合平衡、调整精选,提炼为省专志,以便纳入省志之中。《河南黄河志》按黄委会及河南黄河河务局的部门志编纂,要求在 1985 年年内完成。

在试写稿研讨会召开前后,黄河志编委及会、局、院、所各级领导也对试写稿提出了不少意见,随后又学习了岳阳全国省志稿评议会精神,黄河志总编室对《河南黄河志》编纂大纲先后进行了第五次、第六次修订,并对内容作了较大调整。特别是注意了志书体例的特点,新篇目力求突出主体,章节标题力求简短、准确、鲜明。调整后的大纲,正文分 15 章 55 节,前加综述,后面另加一篇附录,附以治黄重要文献、"重大科技成果奖"和"河南黄河志编纂始末"等项。这一大纲报送河南省地方史志编委会,得到同意。

在修订编纂大纲及确定修改原则后,黄河志总编室及有关编志单位,一方面加紧修改已成稿,另一方面对未写出的部分加强力量赶写,至1985年6月,全书各篇初稿已基本完成,黄河志总编室及时进行了总纂。

1985年9月12日,根据中共黄河水利委员会党组关于主任分工的意见,增补杨庆安为黄河志编委会副主任,主管黄河志工作。在《河南黄河志》总纂过程中,杨庆安审阅了志稿的部分章节。

为推动编志工作,黄河志总编室编印了内部刊物《黄河史志资料》,责任编辑徐思敬。从1983年9月创刊,每3个月出一期,每期5万—7万字,到目前为止已出刊10期,在传达贯彻上级编志精神,总结交流编志经验,发掘治黄史料,选登试写稿征求修改意见,表彰编志先进人物等方面发挥了作用。

《河南黄河志》从布置任务、进行编写分工算起,到总纂成书经历了大约两年零四个月时间。著名治黄专家、黄委会原主任王化云为本书写了序言,著名方志学家、中国地方志指导小组常务成员、中国地方史志协会副会长董一博为本书题写了书名。

本书编纂情况曾多次向《河南省志》编辑部作了汇报。根据河南省地方史志编委会意见,并经黄委会及河南黄河河务局领导同意,已总纂的志稿于1985年8月起陆续送印刷厂制版印刷。

1986年1月20日

题注:本文系作者为《河南黄河志》一书撰写的置于书末的一篇文章。

从"黄河宁，天下平"说起

——浅谈黄河治乱与历代王朝的兴衰

黄河是中国的第二大河，也是中华民族的母亲河。据综合分析推断，古老黄河的孕育和诞生，距今已有 150 万年的历史了。在 5000 年的中华文明史中，黄河流域作为全国政治、经济、文化中心长达 3000 多年，被誉为中华民族的摇篮。同时，由于黄河水少沙多，水沙异源，具有"善淤、善决、善徙"的特点，又是一条桀骜不驯、极其复杂难治的河流。据统计：从先秦时期到民国年间的 2540 年中，黄河共决溢 1590 次，平均三年两决口，百年一改道，决溢范围北至天津，南达江淮，纵横 25 万平方公里，给我国人民带来过深重的灾难，被称为"中国之忧患"。

黄河的灾害和治理，对社会的经济政治及历代王朝的兴衰有着很大的影响。民间和史学界曾流行一种说法，即"黄河宁，天下平"。它形象地揭示了黄河安宁与社会稳定规律性的关系，也仿佛是一幅中国社会历史的宏观写照。

一、黄河的安宁关乎大局，关乎天下安危

大禹治水的故事是中国上古史上的重大事件之一，在黄河中下游沿岸至今还留存着许多据说是大禹治水的遗迹，如龙门、三门、伊阙等。上古时期洪水和大禹治水的传说和记述，虽有某些夸张或神话的色彩，但基本上反映了当时的历史概貌，是大致可信的。大禹治水成功，水土得以平定，促进了农业的发展。而且在治理洪水的宏大事业中，加强了各个部落联盟的联系和协作,促成了国家的产生。我国第一个相对统一的奴隶制国家——夏,由此逐步建立。大禹治水的传说不仅揭示了治水活动对于社会生产力的巨大推动作用,也有力证明了治水活动对国家产生和文明进步的重大影响。"我若不把洪水治平,我怎对得起天下的苍生?"禹的这种伟大的抱负,至今还激动着人民的心。

中国历史上的夏、商、西周三个朝代,历时约 1300 年,黄河中下游地区是这三个朝代的中心区。史书中对"三代"河事的记载极少,说明大禹治水后,黄河经过了较长的安流时期。

夏王朝的灭亡,与夏代末年夏桀的腐败统治导致国内外社会矛盾的激化有着直接的关系。但当时气候波动,环境变化引起的干旱,尤其是夏王朝统治中心地区长期的农业垦殖致使植被稀疏,干旱更为严重,由此造成农业歉收,民不聊生,也是导致夏王朝覆灭的客观原因。

在经历了夏末至商代初期的干旱阶段以后,黄河中下游地区的生态环境又很快进入了仰韶温暖期末期的较为适宜的时期,而强盛的商王朝正是在仰韶温暖期的尾声中崛起的。史称"伊洛竭而夏亡,河竭而商亡"(《国语》卷一《国语上》)。这是历史上对黄河断流的首次记载。黄河断流,是遭遇特大干旱年的征兆和表现。指出"河竭而商亡",是将生态环境恶化和殷商王朝的灭亡联系起来。虽然商朝灭亡有着复杂的社会原因,但直接导火索也是因为周人及西北诸侯方国遭遇了特大旱灾造成的。古人关于"伊洛竭而夏亡,河竭而商亡"等记载虽然有一定的片面性,但其中揭示的生态环境变化对社会政治的影响值得人们深思。

春秋战国时期黄河中下游地区生产力发展迅速,生产力的发展推动了生产关系的变革,奴隶制逐渐崩溃,封建制度开始建立。在此期间,黄河中下游地区出现了一些较大的灌溉工程,开凿了运河,在黄河两岸兴修了堤防。初具规模的水利事业为社会生产的发展、经济文化的交流创造了条件。

为了防御黄河洪水,黄河下游的齐、赵、魏三国竞相修筑堤防,使黄河基本上从一条河道流入海洋,结束了黄河在下游漫流的历史。秦国在关中地区兴修的郑国渠,魏国西门豹在邺地兴修的引漳灌渠,都是有代表性的农田水利工程。魏国开凿了沟通黄淮的鸿沟运河,水上航运得到开发。总之,这一时期的水利工程掀开了中国水利史光辉的一页。

魏晋南北朝时期,除了西晋的短期统一外,国家长期处于分裂割据和战乱状态。黄河中下游地区在三国时是魏国的境土,西晋之后为极度混乱的五胡十六国诸政权所统治,南北朝时又属于北朝。黄河中下游地区是当时战乱的中心区,兵祸连年,人口锐减,生产停滞,社会经济处于破坏、恢复的循环往复之中。西晋在太康年间的短期繁荣之后,就出现了旷日持久的"八王之乱",严重消耗了国力,随后是北方少数民族的进逼。统治者无力兴修水利,因为在西晋统治的半个世纪中,黄河流域基本上没有兴建大的水利工程。

西汉时期黄河多次改道,而魏晋南北朝的七八百年间黄河河道却相对安流,对这个问题人们见解不一,因为黄河的情况是相当复杂的,决口改道既有自然方面的原因,也有社会方面的原因,需要继续进行深入的研讨。

纵观中国历史,从古至今,历代善治国者均以治水为重。每一个有作为的皇帝,都把黄河治理当作治国安邦的一件大事来办。因为黄河安宁,则人心稳定,百业兴旺,整个社会必然繁荣昌盛,外敌不敢入侵,天下自然太平。相反,如若忽视了黄河治理,工程长期荒废,必然导致严重的洪涝灾害,经济凋敝,民不聊生,灾逼民反,揭竿而起,即使没有外敌的入侵,也会酿成天下大乱,以致改朝换代。所以,黄河的安宁关乎大局,关乎国运民生,关乎天下安危。

二、"天下平,黄河宁"与"黄河宁,天下平"相辅相成

历史告诉我们,国家统一与社会稳定是黄河治理开发的基本前提。大凡国家统一,社会稳定,国力强盛并用人得当,黄河就能得到比较有效

的开发、治理,黄河的安宁,又使得人民得以休养生息,社会经济得以发展。而国家分裂,国运衰微,黄河就被忽略,黄河的频繁泛滥,又使得民众流离失所,疾疫刀兵横行,兵祸连年,民怨沸腾。因此,"黄河宁则天下平"与"天下平则黄河宁"两者相辅相成。历史的发展,充分证明黄河治乱与历代王朝的兴衰有着密切的互动关系。

秦汉时期国家统一,政权稳定,封建制度得以巩固和发展,生产力明显提高。黄河中下游的关中、关东两个经济区连成一片,人口迅速增加,经济开发的步伐加快。黄土高原地区的大规模屯田垦荒,使原始植被开始遭受破坏,加重了水土流失,导致黄河下游水患频繁。黄河中游的关中地区农田水利发展迅速。黄河下游地区则以西汉的瓠子堵口和东汉的王景治河为代表,对黄河进行了较多的治理。这个时期出现的贾让"治河三策",包括人工改道、分流和固堤三种方略,是流传至今的最早的、较为全面的治河文献。他不仅创造性地提出了防御黄河洪水的方略,还提出了放淤、改土、通漕(运)等具体措施,不失为我国历史上第一个除害兴利的规划方案。

隋代和唐朝前期,国家再度实现统一,社会相对安定,生产力获得了恢复和发展,黄河中下游地区的社会经济达到鼎盛,黄河水利事业得以复兴。

隋朝的水运发展迅速,不仅开凿了大兴城至潼关的广通渠,对黄河三门砥柱段进行了整治,而且兴修了以东都洛阳为中心,将黄河和长江、海河连通的大运河,包括黄河南岸的通济渠、北岸的永济渠等。大运河的开凿动用了大量人力,给劳动人民带来了不少苦难,但是极大地方便了南北交通,成为隋唐王朝的经济大动脉。唐代对大运河进行了维护和修治,保证了漕运的畅通。有的学者认为:隋炀帝开凿大运河是对黄河的变相治理,它对黄河进行分流,自然会减少下游水患。

宋金元时期是中国历史上几个政权竞争并实现更大统一的时期。北宋结束了五代十国的分裂战乱局面,社会经济恢复较快,当时黄河中下游地区仍处于全国经济的中心。这一时期黄河中下游地区的生态环境继续恶化,以黄土高原最为严重。黄河下游河道由于行水时间已久,淤积严重,河道变迁剧烈,灾患频频。北宋时在黄河下游地区大兴放淤改土,汴河漕运亦有所发展。南宋建炎二年(1128 年)为阻止金兵南下,决开河堤,河水南流,成为黄河南泛入淮的开端,是黄河史上的一件大事。

北宋建都开封,濒临黄河与汴渠,当时黄河水患日益严重,不仅对沿河广大农业区构成严重威胁,而且对汴河的航运和京城的安全也造成重大影响。因此,北宋王朝曾投入很大的人力物力于黄河防治。北宋后期的三次回河之役是当时最大的河防工程。许多朝臣和地方官吏参与治河方略的争论和治河实践活动,但是由于历史条件的限制,北宋时期的治河走了一段曲折的道路,广大劳动人民也为此付出了沉重的代价。

金朝占有黄河中下游地区后,在治河方略上仍以防御为主,兴办的河防工程主要是堵决修堤。金代对黄河的治理也设有专门的管理机构,投入一定的力量,采取了一些措施。

整个元代,黄河夺淮入海之势没有改变,河患之频繁剧烈,超过以前各朝代,发生多次决溢和改道。在元代的 86 年中,有历史记载的决溢就有 265 次,平均 4 个月一次。黄河决溢不仅在夏、秋两季出现,而且在冬、春两季也经常发生。

元朝之所以成为中国历史上黄河水患相当严重的一代,有着多方面的原因。元代统治者是蒙古族人,对黄河中下游汉族居住区的水患采取听之任之的态度,同时,元代经济上主要依赖江南,只关心大运河的畅通,对黄河的治理则认为是可有可无,可能是其重要原因之一。但是白茅决口,黄河北徙,威胁到会通河和两漕盐场的安全,也危及元王朝的生命线,迫使朝廷不得不着手治河,于是便有贾鲁治河之举。元至正十一年(1351 年)由贾鲁策划组织的治河大役取得了巨大成就。从史书记载看,贾鲁治河的特点是工期短、工程量大并在工程技术方面多有创新。在治河中他临危不惧,当机立断,一举堵塞泛滥七年的决口,消除了当时的黄河水患,贡献巨大,成为治黄史上的一个创举。

由于元明之际的长期战争,黄河中下游地区社会经济受到严重破坏,土地荒芜,人烟稀少。面对这种情况,明初统治者采取"与民休息"的政策,对黄河仅防护其旧堤,未进行大规模的治理。明成祖迁都北京后,形势发生了很大的变化。经过近40年的休养生息,明朝的国力有所增强,对黄河的大规模治理成为可能。另外,全国的政治中心已经北迁,而经济中心仍在南方,明王朝所需要的大量粮米物资主要由江南供应,必须保证南北漕运的畅通无阻。由于漕运局部借道黄河,故黄河的治理也更为重要。明朝中期之后,黄河水患多发生在江苏、山东两省,直接威胁到明朝凤阳黄陵及泗水祖陵的安全,于是治河又受到"护陵"这一因素的影响。治河、治运、治淮与护陵诸因素交织在一起,使明代的治河活动常常顾此失彼,往往处于"两难"的境地。

随着社会经济的发展和黄河决溢灾害的加重,明朝统治者更加重视治河,并为此付出了巨大的人力、财力。明万历年间每年国库岁入不过450余万两白银,而治河经费就占去1/5左右。明代治河机构也更加完备,如设总理河道直接负责黄河水利,以后总理河道又加上提督军务职衔,可以直接指挥军队。沿河各省巡抚以下地方官吏也都负有治河职责,逐渐加强了下游河务的统一管理。在长期的治河实践中,明人对黄河河性、水性的认识在不断加深,河工技术也有了长足的进步。

在明代治河的伟大实践中,涌现出一批杰出的治河专家,如刘天和、朱衡、万恭、潘季驯等著名治河人物,尤其是四次任总理河道、治河长达10年的潘季驯,提出束水攻沙的治河方略,对后世治河产生了深远的影响。有的学者评论:万恭、潘季驯将数千年治河主导思想治水,转变为治沙为主、水沙并治的观点,是治黄史上一大发展。

清代黄河中下游地区由于明末清初的长期战乱,土地大量荒芜,清王朝极力鼓励农民垦荒,并颁布了劝惩条例,以垦荒的多寡作为考核和奖励地方官吏的标准。于是耕地面积逐步扩大,社会生产力发展迅速,人口猛增。但农业的过度开发导致生态环境的严重恶化,黄河下游决溢频繁。清代前期的康熙、雍正、乾隆三朝在治黄上均有作为,治黄建设取得了引人注目的成绩,尤以康熙年间治河成效最为显著。康熙皇帝在位61年,非常重视治黄事业,把"三藩、河务、漕运"列为三件大事,书于宫中柱上。他亲自钻研水利理论,又进行实地调查,后人将他有关治水的言论汇编成《康熙帝治河方略》一书。

康熙十六年,朝廷下决心治理黄河,任命靳辅和陈潢总督治黄通运事务,拨给治河经费白银214万余两。靳辅主持治河、治运5年,修筑了河、运堤防,堵塞了大小决口,加培了高家堰堤防,使大河回归故道,此后10年没有决口。

雍正元年(1723年)修筑黄河大堤时,雍正皇帝亲临武陟工地视察,为了纪念修堤治水之功,诏令在沁河入黄河口修建淮黄诸河龙王庙,又称庙宫、嘉应观,至今仍存有铁铸外色黄铜的御碑。雍正至乾隆中叶以前,黄河堤防不断加强,决口随时予以堵塞,治黄成就斐然。同时,清代前中期,黄河中下游地区的农田水利也有所发展,泾渭流域、汾河流域、伊洛河和沁河流域都兴修了一些小型水利工程。修筑清水潭堤坝,使险要河段变得安全,开凿中河、新中河使运河和黄河完全分离,达到了保漕的目的。清代对黄河和运河的治理,促进了商品经济的发展和黄河下游地区的经济繁荣。

清代自乾隆以后政治日趋腐败,国力日衰。道光以后帝国主义以武力入侵,清朝封建制度开始瓦解并逐步沦为半殖民地半封建社会。在内忧外患的形势下,清后期(嘉庆至咸丰)的水利事业日趋衰弱。黄河依旧循南流夺淮入海,河政更加腐败,贪污之风盛行,工程仅是堵口塞决而已。咸丰五年(1855年)发生的铜瓦厢决口,使黄河下游河道发生了一次重大变化,结束了长期南流夺淮河入海的局面,是黄河史上的一件大事。黄河从此自铜瓦厢流向东北,横穿运河,在山东利津附近注入渤海,形成了新河道,行水至今而未改。

1912 年以后的民国时期，内有军阀混战不已，外有日寇大举入侵，社会形势动荡不安，中华民族多灾多难，此时的黄河也是多灾多难。由于河政腐败，河防工程失修，导致了严重的黄河大泛滥。在北洋军阀政府和国民党政府统治下的 30 多年时间里，黄河有 17 年发生溃决，而且每一次决口都给人们带来了深重灾难。1933 年大水，水灾延续 8 个多月，灾难严重。1938 年，国民党政府为了阻止日军进攻，妄图以水代兵，悍然扒开了黄河花园口大堤，人为制造了惨绝人寰的"黄泛区"，因灾死亡人数达 89 万多人。这次扒堤决河，不但没有阻止日本侵略者的全线进攻，反而加深了人民的灾难，使本已千疮百孔的黄河更加多难。1947 年，国民党政府故伎重演，打着黄河归故的旗号，强行堵复花园口决口口门，妄图水淹解放区。"大河奔涌，逝者如斯"，真所谓天下不平，黄河难宁。

三、中国水利史上的"人民治黄"现象

1946 年在解放战争的硝烟中诞生了中国共产党领导下的第一个人民治黄机构，即黄河水利委员会的前身——冀鲁豫黄河水利委员会。从此，"人民治黄"这个词就专指在中国共产党领导下的治黄斗争和治黄事业。从 1946 年至今，62 年过去了，人民治黄 62 年虽在中国历史上是短暂的一瞬，但却使黄河发生了历史性的巨变，在黄河防洪、水资源利用、水土保持、水利水电工程及治黄现代化建设等方面取得了巨大成就，对黄河的规律也有了进一步的认识。目前，黄河以占全国 2% 的水资源量，养育着占全国 12% 的人口，浇灌着占全国 15% 的耕地，发电装机 1226 万千瓦，至 2004 年累计发电 4544 亿千瓦时，直接发电效益就达 2000 多亿元。黄河已不是"中国之忧患"，而是祖国极其宝贵的自然资源，它在中华民族的伟大复兴中正在做出重大的贡献。

在中国共产党领导的人民治黄中，是怎样改变黄河频繁决口改道历史的呢？62 年来，党和政府领导人民同黄河洪水斗争曾经经历了异常艰苦的历程。早在人民治黄初期，党和政府就深刻认识到决口改道是造成

人民生命财产重大损失及影响社会安定的最大威胁,人民群众热切期盼的,就是"黄河宁,天下平"的美好愿望早日实现。1947年3月,人民治黄提出的第一个治黄方针就是"确保临黄,固守金堤,不准决口"。以后历次制定的治黄规划以及陆续开工建设的治黄重大工程,都把黄河防洪放在主要地位,列为治黄工作中的"重中之重"。中华人民共和国成立后,特别是改革开放以来,党和政府在抓经济建设的同时,始终强调"黄河安危,事关大局",将保证黄河安全作为工作的重要指导方针。人民治黄初期,依靠人民开展了战胜"蒋、黄"和大规模的修防工作;新中国成立后,黄河下游先后进行了三次大修堤,开展了河道整治工程,相继修建了三门峡、陆浑、故县水库和小浪底水利枢纽等干、支流工程,开辟了东平湖、北金堤等分滞洪区,初步形成了"上拦下排、两岸分滞"的下游防洪工程体系。与此同时,上中游还兴建了龙羊峡、刘家峡、万家寨等一系列水利水电工程。另外,还加强和完善防汛队伍组织、防汛指挥调度方案、水文水情测报预报、防汛通信系统等非工程防洪措施。加上沿河军民、黄河职工的努力防守与抗洪抢险,战胜了历次洪水,实现了黄河岁岁安全的历史奇迹。充分显示了社会主义制度能集中力量办大事的优越性。

人民治理黄河62年来,共战胜了10000立方米每秒以上的洪水12次,没有一次决口。特别是1949年、1958年、1982年等几次大洪水,其防洪效益更为巨大。如战胜1958年大洪水,花园口站最大洪峰流量22300立方米每秒,为黄河有实测资料以来的最大洪水。当时,10000立方米每秒流量以上洪峰曾出现5次,持续达81小时,最终洪峰安然入海,保证了安全。而回顾1911—1946年的民国35年间,黄河下游发生10000立方米每秒以上洪水8次,却有7次决口泛滥。与1958年洪水类似的国民党统治时期的1933年大洪水,黄河下游南北两岸决口61处,洪水淹没豫、鲁、冀、苏4省30个县,灾情涉及6592平方公里,273万人受灾,12700人丧生。今昔对比,人民治黄的功绩十分鲜明。

黄河在中国共产党领导下62年岁岁安澜是黄河巨变的主要标志,也是"人民治黄现象"的主要特征。世界各国人士以及海内外的中国人,无论政治观点是否与我们相同,对新中国治理黄河的成就,特别是黄河60多年岁岁安澜不决口的辉煌业绩都是有口皆碑的。

"黄河宁,天下平"是中华民族梦寐以求的理想,是无数仁人志士不懈奋斗的目标。从远古时期的大禹治水开始,历朝历代都为治理黄河水患进行了不懈的斗争和探索,虽取得不同时期、不同阶段一定的成绩,但受生产力发展水平和社会制度的制约,黄河水患始终没有得到根治。1946年以来,中国共产党领导的人民治黄事业取得了举世瞩目的巨大成就,呈现了中国水利史上独特的"人民治黄现象"。但是,随着经济社会的发展,新时期黄河也出现了新的问题,如黄河水资源供需矛盾,下游河道频繁断流,河槽萎缩严重,水污染加剧等。面对这些新的问题,必须树立新的治黄理念,构建黄河生态文明,维持黄河健康生命,应该说我们要走的路还很长,根治黄河仍任重而道远。我们要进一步努力保护、开发、治理好黄河,让古老的黄河永葆青春并弹奏出我们这个伟大时代的恢弘乐章!

(原载《黄河与河南论坛黄河文化专题研讨会文集》,黄河水利出版社2009年版)

题注:这是作者在2008年11月河南黄河河务局召开的"黄河河南论坛黄河文化专题研讨会"上的发言。

历史上黄河的治理与利用

　　远在史前时期,我国人民就开始了与黄河自然灾害的斗争,几千年来,虽然由于社会和科学技术条件的限制,未能解决黄河的严重灾害问题,但治河实践所积累的经验却十分丰富。特别在防洪、引黄灌溉和开凿运河方面,取得了许多成就,在世界水利史上放出了灿烂的光辉。在我国各代史书上几乎都有黄河的治理与利用方面的记载(大都记载于各代史的河渠、沟洫、五行、地理志中),汉代以后并有过治黄经验(主要是防洪)的整理和研究。治黄典籍之多,为世界各大河之冠,给后人留下了宝贵的遗产,其中有许多颇有影响的治河论著和治理措施。

　　大禹治水的传说是人们比较熟悉的。反映了距今4000多年前,洪水为患,处于原始社会末期的先民们为驯服洪水进行的艰苦顽强的斗争。大禹治水传说是采用"疏"和"分"的办法,将洪水疏导为九河入海。当时在黄河流域人烟少,黄河含沙量还少的情况下,用这种方法治理黄河,是易于取得成效的。可是,随着自然条件的变化和社会经济的发展,长期使用这种方法,就不易取得那样显著的效果了。

　　大约在西周时代,为求得生产发展,就有了堤防。"齐桓之霸,遏八流以自广",把大禹疏导的九河,堵塞了八支,修了堤防,对防治洪水泛滥起了重大的作用,堤防的出现是治河史上一大进步和重要的发展。以后沿河诸侯先后筑堤自利,堤防修筑不顾河道水流畅通,多转折弯曲,造成许多人为险工,危害甚大。齐桓公于公元前651年会集诸侯于葵丘订立盟约,提出"无曲防"的法规,要求各诸侯共同遵守,都不允许修筑阻水、挑流的堤防,损人利己。但战国时代,各诸侯之间,互相攻战,又把黄河作为战争工具,不断地人为决口,以水代兵,给人民带来极大的痛苦。

随着农业和手工业生产的发展,秦汉时代无论在治黄理论研究方面,还是引黄河水灌溉方面,都获得了很大成就。这首先改变在当时已开始探求黄河水害的成因,并根据成灾原因来制定防御方策了。当时在黄河下游两岸筑堤之后,泥沙淤积,河床逐渐抬高形成悬河,河患渐多,治河议论亦多。西汉后期有分疏说、改道说、水力冲沙说等。朝廷多次下诏征求治河方策,贾让分析下游河道演变,提出"治河三策",除论证防洪方案外,还提出了放淤、改土、通漕等方面措施,其治河思想已较全面。东汉初,黄河失治多年,汉明帝派王景治河。顺黄河泛道主溜筑堤自荥阳东至利津海口,并整修汴渠,"十里立一水门,令更相洄注",达到了河汴分流,使黄河出现了一个相对安流时期。

随着治黄理论研究的向前发展,秦汉时期在修堤疏河的技术上也有很大的发展,如当时已开始使用石料修堤,以桩料铁石堵口,用裁弯取直的办法来治理河道,从水文、地理位置及工程材料方面来考虑治理方案。

秦汉时代,黄河流域的灌溉事业已经有了很大的发展,在黄河干支流上修建了很多大面积的引水灌溉工程,如陕西关中的郑国渠、白渠,宁夏平原的秦渠、汉渠、唐徕渠等。郑国渠对秦的富强和统一全国曾起到了直接作用。宁夏平原上的引黄灌溉工程,效益宏大,并改良了当地的自然环境,历史上有"天下黄河富宁夏"和"黄河百害,唯富一套"之称。这些灌溉工程在我国古代水利建设史上,都闪烁着灿烂的光辉。

汉代在探求黄河下游洪水灾害的成因方面取得了很大成就,这主要表现在当时已经认识到河道的严重淤积是造成下游频繁泛滥的原因。但在汉代却还没有进一步分析黄河泥沙的根本来源问题,没有从根本上设法制止河流泥沙的来源。

汉代虽然还没有从开展上中游水土保持工作来着手治理黄河,但远在汉代以前黄河流域的农民为了生产已经创造和推广了很多行之有效的水土保持措施。据《汉书·食货志》记载,圳田是在耕地上顺着高线开沟,宽深各一尺,庄稼种在沟中,就能起到蓄水保土作用。这种圳田可能在4000多年以前就开始采用了。西汉时曾把这项技术进一步发展为代田法,并给予推广。到商代,伊尹创造了区田法,距今已有了3000多年历史。用今天的眼光来看,仅仅依靠这些农业措施也不能起到显著减少黄河泥沙的效果,但不可否认,这些耕作方法本身仍是良好的蓄水保土措施。当时农民正由于用这种耕作方法蓄水、保土而获得了丰收,自然也起到了减少泥沙输入黄河的作用,因此这些耕作方法可以称为我们祖辈的劳动人民在水土保持上的一项伟大创造。

三国至五代(220—960年)的740年间,只有隋唐318年间是统一的局面,而且在统一的年代里也是战乱纷纭,无从谈及治河,这个时期历史上对于治黄的理论和技术很少有记载。值得一提的是隋朝利用黄河水系开凿的大运河。我国古代的运河工程首创于黄河流域。早在春秋时代黄河流域就有了开凿鸿沟的详细记载,这一工程从今荥阳引黄河水东南流,经今中牟、开封入淮河支流,沟通了黄、淮水系,在我国的运河史上记下了光辉的第一页。隋炀帝大业六年(610年)开凿成的大运河,贯通了海河、淮河、长江、钱塘江五大流域的航运,成为世界上规模最大的一条运河,在世界水利史上占有重要的地位。

北宋期间,黄河决溢,河患增多,在短短的167年中,黄河决口泛滥(包括迁徙)竟达165次之多,平均每年一次,给人民造成了严重的灾难。宋仁宗庆历八年(1048年)河决商胡,黄河改道北流,朝廷曾先后三次兴工堵塞北流,回河东流,均未成功。此时,治河之事,多有议论,有人主张"浚河减淤",但因泥沙太多,收效甚微。宋神宗年间,王安石变法,倡导引黄放淤,引黄河浑水,改造两岸低洼瘠薄之地,成效显著。神宗去世后,新法被废止,大规模放淤即行泯没。

在治黄理论研究方面,宋代根据在同洪水灾害斗争中积累的经验,已能按照植物生长的过程或开花的时节,来记述洪水到来的时间。并把一年分成"凌汛""桃汛""伏汛""秋汛"四个汛期,在汛期内来水时,已有了简单的报汛方法,能掌握更多的水情,对于防御洪水泛滥起了一定作用。

随着治黄理论研究的进步和黄河频繁决溢,抢救水灾的任务日益加重,宋代在治河技术和治河措施上也获得了不少成就。当时,抢险、堵口和保护堤岸的"埽工"已广泛应用。这种"埽工"以后经过历代劳动人民的实际使用和不断创造,又有了很大发展,出现了许多新的形式和新的制作方法,发展成为世界上著名的水工建筑物。

宋代治河大体上可以真宗(998—1022 年)为界,按照其治河的目的和方针不同而划分为两个阶段:真宗以前治河的目的是防洪,治理的方针是希望通过筑堤和分泄洪水来防治洪水灾害;真宗以后至迁都以前,治河的目的逐渐由防洪转为"御辽",治理的方针是希望通过黄河改道来防止契丹南侵。

金元时期,黄河水患频发,多股分流,夺淮入海,河道淤积严重。元至正四年(1344 年)5 月,黄河白茅堤决口,贾鲁奉命治河,提出"疏、浚、塞"并举的方针,付诸实施后,终使改道 7 年的黄河回归故道,并在堵口技术方面有所造就。特别是采用沉船堵口法能在大汛期间堵住一个夺流十分之八的口门,在治河技术上传为奇谈,可以说明当时在治河技术上已有了相当高的造诣。

明清时期,黄河下游大部分时间流经河南、山东、江苏,夺淮东流入海。这期间,黄河多支并流,此淤彼决,时有决溢,并侵犯运河漕运。朝廷为保漕运,寻求治河之策,各种主张活跃。有分流论、北堤南分论、束水攻沙论、放淤固堤论、改道论、疏浚河口论、汰沙澄源论、沟洫治河论等。说明当时已经有人认识到治河必须从中上游着手,才是"正本清源"之策。但议论多而实践少。当时对于黄河河道治理要遵循以下原则,如"不准自孟津到徐州段的黄河向北决口,以免影响漕运";"不准黄河完全脱离运河,以维持漕运需用的水量";"不准危害处于黄淮之间泗阳地区的皇、祖二陵"等原则。明代所有的治河官员都是按照漕运第一、防洪第二的导治目的,遵循着上述原则进行治理的。明代后期,潘季驯提出"以堤束水,以水攻沙"和"蓄清刷黄"的方策,并为之大力实施,对后世治河影响较大。潘季驯一生四任河督,在职9年。他治河成功之处,首先在于肯定"筑堤束水"这一大政方略。主要采用缕堤,塞支强干,固定河槽,加大水流冲刷力,修筑遥堤来约拦水势,取其易守,遥堤、缕堤之间修筑格堤。西汉以后1500年间,还从来没有人把筑堤治河像他这样提到如此高度。他不限于以往筑堤但求安全的消极防御思想,而是进一步把堤防作为积极的治河手段,努力加以完善。但是,历史实践告诉我们:黄河下游河道淤积与宽浅的自然规律,绝非"束水攻沙"的办法所能改变,因为它仅能束水而不能调节平衡水量,不能减少泥沙和使下游坡度加大,因而就不能彻底解决淤积问题。但就当时情况来看,"束水攻沙"方针的提出,在明代治河理论上还是一个进步,并且在防洪方面也起了重要的作用。清朝靳辅、陈潢奉命治河,他们继承潘氏治河思想,坚筑堤防,约拦洪水,增强了下游防御洪水的能力,对减少洪水灾害和保漕运均起了一定作用。对黄河水灾的成因分析,清代较前也有所进步。陈潢在当时缺少资料的情况下,能认识到黄河洪水及泥沙主要来自上、中游,比较正确地分析了洪水成因与来源,是难能可贵的。可惜他的意见并未受到应有的重视,因而当时河道的治理仍局限于下游。另外,当时已有部分地区在制止水土流失方面取得了一定的经验。如山西黄土高原的某些地区,农民已有打坝淤地的习惯。虽然当时农民的主要目的是为了便于耕作,但客观上也部分地起到了"防沙"作用。

1840年鸦片战争以后,西方列强侵略中国,政局混乱,河防失修,决溢频繁,河患严重。治河之事,虽有议及,但因政局不稳,国力不济,实施很少。1855年黄河在兰考铜瓦厢决口改道夺大清河入渤海,随后对治河曾有堵口挽复故道和改行新道之争,相持20多年,最后还是改行新河道(即现行河道)在新道两岸筑堤的意见获得实施。

另外,清朝道光、同治和光绪年间,在今内蒙古自治区的后套灌区里,恢复和举办了一些灌溉工程,从黄河引水的渠道就有 21 条,如杨家河、黄济、永济、丰济等渠,可灌耕地 400 多万亩,这些渠道对当时的农业生产起了一定的作用。

从辛亥革命到人民解放战争以前(1912—1946 年),在这一段时间里,对黄河的治理研究方面又向前进展了一步。但由于军阀混战和国民党政府治河不力,再加上日本帝国主义入侵,所以大大影响了治黄工作的正常开展。

民国期间,著名治河专家李仪祉致力于黄河治理的探讨,他把我国已有的治河经验与外国的水利实践结合起来,提出了他对黄河治理的主张。他针对我国古代治河偏重下游,黄河得不到根治的情况,提出治黄应该上中下游并重,防洪、航运、灌溉、水利等各项工作都应该统筹兼顾的治河方针,对后人治河具有指导意义。当然,在那个政治腐朽、军阀混战的年代,他的主张不可能得到实现。20 世纪 30 年代,著名治河专家张含英对治黄也有深入研究,他的治黄思想与李仪祉的基本相同,主张治理黄河必须就全河立论,不应只就下游论下游,而应该上中下游统筹,本流与支流兼顾,以整个流域为对象进行治理,以达到"安定社会、发展生产、改善人民生活的目标"。他的治黄思想对当代治河也有颇大影响。在民国时期,西方水利界人士和学者如比利时人卢法尔、美国人费礼门等,曾先后对黄河进行研究和考察,在治河方面也提出过一些有益的见解。

治理黄河的历史表明,治河的指导思想及治导技术是在不断地向前发展的。经过历代有识之士的不断总结,对黄河洪水泥沙运行自然规律的认识逐渐深刻,深知黄河泛滥、决口和改道的根源在泥沙淤积。古代治河活动一直局限于下游,这有各个时代政治、经济方面的深刻原因。黄河的治乱从来就是影响历朝安邦定国的大事,治理黄河或出于保漕运以供京师费用,或出于保皇陵、祖陵以安社稷,在统治者看来,只要能保住黄河不决口就实现了其自身利益的要求。因而从古代各家所提出的治河主张来看,其治河思想和治理活动大都未能超出在下游送走洪水、送走泥沙的范畴。实践证明,不采取统一规划和综合治理的措施,单用这种思想来指导黄河的治理,是不能解决黄河的问题的。只有在劳动人民获得解放,进入中国共产党领导下的人民治黄历史阶段以后,我国优越的社会主义制度才为黄河的治理和利用开辟了广阔的道路。中国人民在共产党和人民政府的领导下,在我们的前人所取得成功经验的基础上,制定出根治黄河水害、开发黄河水利的综合利用规划,开展了大规模的人民治黄运动,取得了史无前例的伟大成就。

1997 年 3 月 13 日

治黄方略的演变与当代治黄成就

——纪念人民治理黄河50周年

治理黄河史——治黄方略的演变史

黄河对中华民族的繁衍和发展有过很大贡献,人们亲切地称她为"母亲河"。但是,未经控制的洪水和泥沙,也给我国人民带来了深重灾难。据历史资料记载,从西汉到1949年前的两千多年中,黄河下游共决溢1500多次,大改道26次,平均三年两决口,百年一次大改道,洪水波及范围北到天津,南达江淮,黄河洪水灾害因此闻名世界。自古以来,黄河的治乱与国家安定及经济盛衰紧密相关。炎黄子孙为驾驭黄河,经历了漫长的认识过程,探索过多种方略。

相传公元前21世纪的共工和鲧,采用泥土围堵的方法抵挡洪水,结果失败。继之,大禹治水改用疏导的方法,"疏川导滞",分流入海。洪水平息后,人们迁居平原。大禹的治水事迹和艰苦卓绝精神,世代相传,被人们视为征服洪水的象征。

在东周时期,有管仲向齐桓公提出筑堤防洪除害兴利之法。在西汉后期,朝廷多次下诏征求治河方策,出现有分疏说、改道说、水力冲沙说等,贾让分析下游河道演变,提出"治河三策"。两汉之交,黄河改道东流,泛滥60年。东汉明帝派王景治河,从荥阳至千乘修千里大堤,使河汴分流,黄水就范,出现了一个黄河相对安流的较长时期。北宋期间,黄河决溢,河患增多,有人主张"浚河减淤",但因泥沙太多,收效甚微。宋神宗年间,王安石变法,倡导引黄放淤,引黄河浑水,改造两岸低洼瘠薄之地。南宋建炎二年,黄河夺淮南入黄海。在金元时期,黄河水患频仍。元末,贾鲁奉命治河,提出"疏、浚、塞"并举的方针。明清时期,朝廷为保漕运,寻求治河之策,各种主张活跃,有分流论、改道论、汰沙澄源论、沟洫治河论、北堤南分论等,说明当时已经有人认识到治河必须从中上游着手,才是"正本清源"之策,但议论多而实践少。明代后期,潘季驯提出"以堤束水,以水攻沙"和"蓄清刷黄"的方策。清朝靳辅、陈潢奉命治河,他们继承了潘氏治河思想,对筑堤防洪和保漕运均起了一定的作用。1840年鸦片战争以后,西方列强侵略中国,政局混乱,河防失修。1855年黄河在兰考铜瓦厢改道夺大清河入渤海。清末民初,决溢频繁,河患严重,治河之事,虽有议及,但因政局不稳,国力不济,实施很少。20世纪30年代初,李仪祉等治河专家在总结历代治河经验和吸收西方先进科学技术的基础上,打破了传统的治河观念,提出上、中、下游并治的治河思想,对后人治河具有指导意义。

上述种种治河方略或治河主张,有的在实践中也收到一定效果,但从总体上看,由于受社会制度、生产力水平和科学技术的限制,一直未能改变黄河为害的历史。

人民治理黄河——治黄方略的新阶段

中国共产党领导下的人民治黄事业,是从1946年冀鲁豫解放区建立治黄机构开始的。当时,共产党和各级政府向沿河人民发出了"反蒋治黄,保家自卫"的战斗号召,提出了"确保临黄(堤),固守金堤,不准决口"的方针,解放区军民在极短的时间内修复了历经抗日战争破坏、支离破碎的黄河堤防,粉碎了国民党政府水淹解放区的阴谋。

新中国成立后,治黄工作由分区治理走向全河统一治理,下游防洪仍是治黄的中心任务。从1950年起,根据下游河道特点和堤防工程状况,采取"宽河固堤"和"依靠群众,保证不决口不改道,以保障人民生命财产安全和国家建设"的方针,为战胜洪水提供了保证。与此同时,为编制黄河流域治理开发规划,黄河水利委员会同其他有关部门组织了上万人的队伍,在黄河流域广大面积上,展开了包括查勘、测量、水文、工程地质勘测和科学研究等方面的规模巨大的基础工作,取得了丰富的河情资料。黄委会主任王化云在总结治黄历史经验的基础上,于1952年提出"除害兴利,蓄水拦沙"的治黄主张和"一条方针、四套办法"。一条基本方针是"蓄水拦沙",四套办法是:(1)在干流上修建若干大水库、大水电站;(2)在较大的支流上修筑若干个中型水库;(3)在小支流及大沟壑里,修筑几万个小水库;(4)用农、林、牧、水结合的政策进行水土保持。

毛泽东主席十分关心黄河的治理与开发,1952年10月他亲临黄河视察,了解河情,听取汇报,并发出"要把黄河的事情办好"的号召。周恩来总理等老一辈无产阶级革命家对编制全面的治黄规划、推进人民治黄事业,给予了亲切关怀和大力支持。在进行大量基本工作的基础上,1954年开始编制全面的黄河规划,请苏联专家帮助,集中技术干部170余人,经8个月努力,于10月底完成《黄河综合利用规划技术经济报告》。1955年7月18日,邓子恢副总理在第一届全国人民代表大会第二次会议上作《关于根治黄河水害和开发黄河水利的综合规划的报告》,指出:"我们对于黄河所应当采取的方针就是不把水和泥沙送走,而是要对水和泥沙加以控制,加以利用。"经全国人民代表大会通过一条河流的规划,这在国内治黄史上是第一次。

一届人大二次会议通过关于黄河规划的决议以后,人民治黄事业进入了一个全面治理、综合开发的历史新阶段。在几十年治黄实践中,黄河规划经受了检验,并得到不断完善和发展。

　　三门峡水库是黄河规划选定的第一期工程,工程建成开始运用后,很快暴露出泥沙淤积严重等问题。1964 年周恩来总理亲自主持召开治黄会议,决定对三门峡工程进行改建。经过两次改建和改变水库运用方式,取得了成功,为在黄河这样的多泥沙河流上修建水库蓄清排浑,综合利用水沙资源,除害兴利创造了极为宝贵的经验。

　　在三门峡工程实践的基础上,提出了"上拦下排"的治河思想。"上拦",就是通过在中、上游建高坝大库和在黄土高原大力开展水土保持,节节拦截泥沙和洪水;"下排"则是充分利用黄河下游河道排洪排沙能力大的特性,尽可能将洪水泥沙输送到大海中去。1976 年 5 月国务院批复《关于防御黄河下游特大洪水意见的报告》,确认"上拦下排、两岸分滞"的治河指导方针,这对于治黄事业,是一个有力的推动。

　　从"蓄水拦沙"到"蓄清排浑",再到"上拦下排、两岸分滞",体现了中国人民与大自然顽强抗争的精神,反映了众多领导、专家、热心治黄人士和广大治黄工作者在治黄道路上不断追求和探索的成果,是集体智慧的结晶。

坚持长期综合治理　实现黄河长治久安

　　从 1946 年中国共产党领导人民治理黄河,迄今已有 50 年。半个世纪以来,黄河治理开发取得了举世瞩目的成就。下游防洪已连续 50 年伏秋大汛不决口,保障了国家经济建设的顺利进行和人民安居乐业。防洪减灾直接经济效益近 4000 亿元,彻底改变了历史上黄河下游"三年两决口"的险恶局面。水土保持初步治理面积达 15.4 万平方公里,占水土流失总面积的 36%,促进了当地社会经济的发展,减少入黄河泥沙约 3 亿吨。灌溉面积从 1949 年前的 1200 万亩发展到现在的 1.1 亿亩,并为沿河城市和工矿企业提供了宝贵的水源,水资源利用率已达 52%。水力发电从无到有,黄河干流已建成 7 座大中型水电站,装机容量 374 万千瓦,年平均发电量 176 亿千瓦时,正在建设的还有 4 座水电站,装机容量 518 万千瓦。总之,50 年的治黄实践,取得了巨大的社会效益、经济效益和生态效益。

黄河是一条复杂、难治的河流,治理黄河是一项长期艰巨的任务。事实证明,采取"拦、调、排、放"综合治理的方略,可以实现黄河长治久安。"拦",就是拦减入黄泥沙,主要是依靠上中游地区的水土保持和干支流控制性骨干工程。"排",就是充分利用下游河道排洪、排沙能力大的特点,通过进一步加强河道整治、河口治理和控河疏浚等措施,排沙入海。"调",就是利用干流水库调节水沙过程,使之适应下游河道的输沙特性,更有利于排沙入海。"放",主要是在下游两岸放淤改土、淤背固堤,结合引黄供水治沙,淤高两岸背河地面,逐步形成相对"地下河"。通过以上多种措施相互配合,进行长期综合治理,实现黄河长治久安。

治理黄河是"实践—认识—再实践—再认识"的过程。我们相信,在党中央、国务院的关怀和重视下,经过一代又一代人坚持不懈的治理,黄河一定能成为造福人民的幸福河,为中华民族的腾飞做出更大贡献。

(原载 1996 年 10 月 8 日《光明日报》)

中国水利史上的"人民治黄现象"

——喜读《人民治理黄河六十年》

1946 年,在解放战争的硝烟中诞生了中国共产党领导下的第一个人民治黄机构,从此,"人民治黄"这个词就专指在中国共产党和人民政府领导下的治黄斗争和治黄事业。如今,60 年过去了,人民治理黄河 60 年,时间虽是人类发展史上短暂的一瞬,黄河却发生了历史性的巨变。我们在黄河防洪、水资源利用、水土保持、水利水电工程及治黄现代化建设等方面取得了巨大成就,对黄河的规律也有了进一步的认识。

在纪念人民治理黄河 60 年之际,黄河水利委员会办公室组织编写了《人民治理黄河六十年》一书,全书共 8 章,58.8 万字,图片 200 多幅。该书用大量翔实的资料,记述了 1946 年以来中国共产党领导人民治理黄河 60 年的光辉历史,记述了中央三代领导集体对治黄事业的亲切关怀,披露了中央关于黄河治理的一系列方针政策和许多鲜为人知的关于黄河的高层决策过程,以及关于治黄科学研究和学术争鸣的简况。它不仅是一本全面总结 60 年治黄经验、探索治黄规律的书,一部弘扬黄河精神丰富内涵的作品,也是一部进行历史教育和爱祖国、爱黄河教育的好教材。它的出版问世,将为向国内外宣传黄河、增强黄河的影响,做出重要贡献。

解读60年岁岁安澜这一独特的"人民治黄现象"

从黄河几千年历史上"三年两决口"和频繁改道,一变而成60年伏秋大汛岁岁安澜,被认为是人民治理黄河具有里程碑意义的奇迹,是中国水利史上独具特色的"人民治黄现象"。该书用大量事实,对这一黄河防洪奇迹产生的缘由和内在原因进行了解读,揭示了中国共产党和人民政府领导人民治理黄河的丰功伟绩和社会主义制度的优越性。

黄河是举世闻名的危害严重、变迁无常的大河,其下游25万平方公里的冲积大平原,到处留下了变迁的痕迹。下游河道由于多年淤积成为世界闻名的"地上悬河"。据历史记载,在新中国成立前的2000多年中,有记载的决溢达1000余次,平均三年就有两次决口,被称为"中国之忧患"。自古以来,历代王朝及黄河人民曾同黄河洪水灾害作过不懈的斗争,但由于科学技术水平和历史条件的限制,都未能从根本上改变黄河频繁决口改道的历史。美国哈佛大学一位著名教授曾说过一句流传很广的话:"世界上没有旁的东西能比滚滚的黄河洪流使人升起在自然面前无可奈何的情绪了。"

那么,黄河频繁决口改道的历史,在中国共产党领导的人民治黄中,是怎样改变的呢?《人民治理黄河六十年》一书以大量篇幅,有层次地记述了60年来党和政府领导人民同洪水斗争的艰苦历程。早在人民治黄初期,党和政府就深刻认识到决口改道是造成人民生命财产重大损失及影响社会安定的最大威胁;1947年3月,人民治黄提出的第一个治黄方针就是"确保临黄,固守金堤,不准决口"。以后历次制定的治黄规划以及陆续开工建设的治黄重大工程,都把黄河防洪放在主要地位,列为治黄工作中的"重中之重"。新中国成立后,特别是改革开放以来,党和政府在抓经济建设的同时,始终强调"黄河安危,事关大局",将保证黄河安全作为开展各项工作的重要指导方针。人民治黄初期,依靠人民开展了战胜"蒋、黄"和大规模的修防工作。新中国成立后,黄河下游先后进行了三次大修堤,开展了河道整治工程,相继修建了三门峡、陆浑、故县水库和小浪底等干支流工程,开辟了东平湖、北金堤等分滞洪区,初步形成了"上拦下排、两岸分滞"的下游防洪工程体系。与此同时,不断加强和完善防汛队伍组织、防汛指挥调度方案、水文水情测报预报、防汛通信系统等非工程防洪措施。加上沿河军民、黄河职工的努力防守,战胜了历次洪水,实现了黄河岁岁安澜的历史奇迹。人民治理黄河60年来,共战胜了10000立方米每秒以上的洪水12次,没有一次决口。特别是1949年、1958年、1982年等几场大洪水,其防洪效益更为巨大。如1958年大洪水,花园口站最大洪峰流量22300立方米每秒,为黄河有实测资料以来的最大洪水。当时,10000立方米每秒流量以上洪峰曾出现5次,持续达81小时,经沿河军民和黄河职工奋力抗洪,没有使用可能付出重大代价的滞洪区,最终洪峰安然入海,保障了安全。回顾历史,从1911年到1946年的35年间,黄河下游发生10000立方米每秒以上洪水8次,却有7次决口泛滥。而与1958年洪水大小类似的国民党统治时期的1933年大洪水,黄河下游南北两岸决口61处,洪水淹没豫、鲁、冀、苏4省30个县,灾情涉及6592平方公里,273万人受灾,12700人丧生。今昔对比,人民治理黄河的功绩十分显著。

该书对过去治黄书籍很少提及的黄河防洪具体效益也予以披露:根据有关经济指标测算研究报告,按1996年水平测算,从1949年到1996年的47年间,黄河下游防洪的直接经济效益累计达4000多亿元。如果黄河下游发生决口,对国民经济各部门造成的间接经济损失则远远不是可以用经济指标来衡量的。

黄河60年岁岁安澜是黄河巨变的主要标志,是中国治黄史上的重要突破,也是"人民治黄现象"的主要特征。从古至今,黄河治乱与国家政治安定和经济盛衰关系巨大。世界各国人士以及海内外的中国人,无论政治观点是否与我们相同,对新中国治理黄河的成就,特别是黄河几十年岁岁安澜不决口的辉煌业绩,都是有口皆碑的。

绚丽多彩的人民治黄60年历史画卷

《人民治理黄河六十年》一书以明确的观点、丰富的资料、科学的编排体系、创新的篇目、简约的文风、通俗流畅的语言,图文并茂地写出了60年的人民治黄史,全景式地展示了人民治黄的光辉成就,是中国治黄史的"现代篇"(全书仅彩色图片就达130多幅,是本书的一大特色)。该书将60年治黄史按时间顺序分为7章加以记述,分别是"人民治理黄河事业的开端""解放战争中的黄河治理""新中国成立初期黄河治理的形势和任务""除害兴利、综合开发""'文化大革命'中的黄河治理""改革开放推动黄河治理全面发展""21世纪初期黄河治理开发与管理的探索与实践"。这期间,20世纪50年代全国人大二次会议通过了第一个治黄规划,1957年至1959年的3年时间内,在黄河干流上相继开工修建三门峡、刘家峡、盐锅峡、青铜峡、三盛公等枢纽工程,同时大力开展水土保持和引黄兴利,掀起第一次向黄河的大进军;改革开放以后,20世纪90年代到21世纪初,编制完成了新的《黄河治理开发规划纲要》,以小浪底工程历经长期论证终于开工建设并竣工投产为标志,再一次掀起向黄河进军的高潮,该书均进行了较详尽的记述。经过60年治理,在防御洪水方面,保证了黄河的安全;在黄河水资源合理利用方面,流域及下游引黄地区灌溉面积发展到1.1亿亩;城市供水获得快速发展,取得了显著的综合效益。黄河以占全国2.2%的天然径流量,滋养着全国12%的人口,灌溉着全国15%的耕地。黄河干流已建、在建水电站25座,装机容量达1724.54万千瓦。黄土高原水土流失综合治理面积累计21.5万平方公里,全河水量实行统一调度,连续7年实现了全年不断流。在记述人民治黄伟大成就的同时,该书对治黄迅速发展中出现的问题和失误,也实事求是地加以阐述。因为无论是正面经验还是反面教训,经过深刻总结提炼,认真修正完善,都是人民治理黄河事业的宝贵财富。例如三门峡水利枢纽工程,作为在黄河上修建的第一座水利工程,是治理黄河的一次伟大实践。该书用大量篇幅,记述了该工程近半个世纪曲折发展的历程,写出了该工程的失误与教训。该工程经过改变运用方式和几次改建,目前已经成为下游防洪工程体系的重要组成部分,几十年来,在防洪防凌、灌溉、供水、发电和调水调沙中,发挥了显著的综合效益。同时,该工程的实践,也大大深化了对整个黄河乃至中外多泥沙河流客观规律的认识,对小浪底工程上马也起了作用。

对于"文革"期间的历史,过去往往被认为是编史纪事中的难点,甚至成为"禁区",在黄河史志书籍中,这部分内容往往语焉不详,给黄河研究工作造成一定影响。而该书为全面系统地反映黄河,专设了"'文化大革命'中的黄河治理"一章,实事求是地记述了"文革"中治黄工作虽受到冲击,但各级干部和广大治黄职工不忘自己肩负的神圣使命,顶着压力坚守岗位,为黄河的防洪安全和治理开发尽职尽责。在"文革"期间,黄河不但继续保证了安澜,而且一些重要的工作得到了推动。

滔滔黄河水,滚滚东流去。它滋润着古老的中华沃土,哺育着流域内的各族人民。治黄成就已成为向世人展示新中国建设成就和社会主义制度优越性的窗口。该书提供的大量资料,宛如一幅绚丽多彩的人民治理黄河60年的历史画卷,回顾60年黄河兴利除害的沧桑历程,作为中国人,作为治黄职工,读后怎不令人自豪感油然而生!

一部反映当代黄河水利史的研究性文献

进入21世纪,国家经济社会的快速发展为黄河治理开发与管理提供了难得的机遇,同时也提出了更高的要求。但是,黄河面临洪水威胁依然严重、水资源供需矛盾日益尖锐、水土流失尚未得到有效遏制、水污染不断加剧等重大问题。

世纪之交,水利部党组根据水利事业发展中存在的突出问题,提出了中国水利发展的新思路。对于黄河治理,水利部提出了"堤防不决口、河道不断流、污染不超标、河床不抬高"的治理目标。这对于黄委会转变观念、创新思维,形成新的治黄方略,具有重要的指导意义。21世纪初,黄委会提出了建设"三条黄河",即"原型黄河""数字黄河""模型黄河"的重大治黄设想,随后进行了一系列建设。伴随着"三条黄河"科技治黄体系的逐步建成运用,治黄工作逐步迈向现代化。在探索和实践的基础上,2004年初,黄委会党组又提出了"维持黄河健康生命"的治河新理念。这一治河理念是中央科学发展观和水利部治水新思路在治黄工作中的具体体现,是治河思想的一次重大创新,为治黄事业的发展指明了方向。该书对在水利部治水新思路和治河新理念指导下开展的一系列建设和采取的许多重大措施,均予以浓墨重彩的记述,如开展黄河重大问题及其对策的研究,解决黄河断流危机,建设黄河下游标准化堤防;西北地区启动以"退耕还林"为标志的大规模生态工程建设,掀起淤地坝工程建设新高潮;开展调水调沙试验并投入生产运用,提出建设拦截黄河粗泥沙的三道防线,小北干流放淤试验;黄河水文工作加快向现代水文转变,建立重大水污染事件快速反应机制,建成较为完整的多功能水质监测网络体系;举办黄河国际论坛,构建黄河国际交流对话平台和开展黄河立法工作等。其中不少项目经过努力已建成投产,并在治黄工作中发挥了作用。这方面的详尽记述,使该书具有较强的时效性与实用性。

该书全面系统地梳理了人民治理黄河60年来黄河的演变轨迹,总结了人民治理黄河的宝贵经验,初步揭示了人民治理黄河的基本特征和黄河的发展规律。根据2002年7月国务院批复的《黄河近期重点治理开发规划》,该书在第8章专列了"前进的道路与目标"一节,阐述了黄河治理开发的目标和远景展望,揭示了人民治黄事业辉煌的过去,展望了追求人与自然和谐相处新时代的前景,指出:"经过一代代中华儿女的努力奋斗,不断探索,黄河一定能实现长治久安","黄河将愈加充满魅力,更好地造福中华民族"。为了便于读者系统快捷地了解黄河大事和方便检索,该书末尾附有"人民治理黄河 60 年大事年表"。

编写《人民治理黄河六十年》一书,客观反映人民治理黄河 60 年的光辉历程,揭示黄河问题的复杂性以及治黄工作的艰巨性,系统总结在治河思想、方略及重大实践等方面的经验,既可向国内外宣传黄河,为今后一个时期治黄研究和决策提供基本资料,也为后代研究 60 年治黄史留下了珍贵的成果。

在短短几个月时间内,要完成这部图文并茂的书稿,困难和压力是可想而知的。黄委会办公室知难而进,及时抽调组织了十多位具有治黄实践和写作功底的干部,并邀请有关专家进行群体攻关。几个月来,编辑人员本着"以传书形式为基本体例,采取记事体格式,以平实、流畅的语言,对人民治理黄河 60 年各个方面的工作进行夹叙夹议,既要客观记述史实,又要提炼归纳经验和认识,准确反映治黄事业发展的脉络,最终形成权威性的历史文献"的要求,积极投入这项集体性和创造性的工作中来。大家认识到,编写这样一部 60 年人民治黄史是一项光荣严肃的使命,每个编辑人员都全神贯注、尽心尽力,从拟提纲、搜集资料到写作初稿,都虚心与相关老专家或主编商量、切磋。从 2006 年 2 月到 7 月,黄委会办公室先后召开过 7 次编辑会议,对提纲和初稿进行了研讨,座谈通报编辑进度,商讨解决编著中的难题,动员各方面力量密切配合。在编写过程中,编辑人员不仅查阅了黄委会自存的大量文献资料,还参阅了已出版的黄河史志文献及有关专著近百种,查阅了有关党史资料,走访了有关重大治黄事件的当事人,掌握了大量第一手资料,从而在深度与广度、历史与现状上突出了全书的资料性,保证了该书的质量。

在编写过程中,精品意识、政治意识、政策意识,一丝不苟、无愧时代、无愧后人,是每一位编辑人员的座右铭。对任何一个疑点,哪怕是一个人名、地名或一句话、一张图片,他们都要翻阅大量资料查证,直到弄清为止。对于书中引用的一些重要史料,他们一一找出出处,进行核对;对于有争议的治黄中的一些敏感问题,他们更是小心翼翼,请有关专家把关,力求准确无讹;对于许多当时在"左"倾思想指导下写出的材料,都进行了细致的考订辨析,去伪存真,还历史以本来面目。可以说,该书既是60年人民治黄史的载体,也是科学浓缩的60年治黄主要资料集萃,不愧为近年从漫长的历史跨度全方位、多视角抒写人民治黄历史的佳作。该书不仅思想上有深度,编排上有特色,语言文字上也具有较高的可读性,是众多编辑人员含辛茹苦、呕心劳作的结晶。《人民治理黄河六十年》一书是迄今记述人民治理黄河历史与成就最全面、最完整,也是最具权威、独具文献价值的力作。书中许多内容是许多专家学者几十年来积累资料并加以科学研究的结晶,因此该书也是一部反映当代黄河水利史的研究性文献。

（原载 2006 年 11 月 11 日《黄河报》）

注:《人民治理黄河六十年》荣获第二届中华优秀出版物图书奖。

《黄河史志资料》创刊记

——贺刊物出刊百期

20 世纪 80 年代初期,随着我国改革开放的进展,"盛世修志"的热潮逐步在全国兴起。黄河流域各省相继成立了地方史志编委会。位居黄河下游的河南、山东两省在省志编写规划中均设有《黄河志》专卷,要求黄委会及其所属部门编写。当时的水利电力部也于 1982 年 6 月在武汉召开了全国水利史志编写工作座谈会,要求在 5—7 年内编写完成包括黄河志在内的各流域江河志。于是,编写省志黄河志和流域黄河志的任务被提到黄委会党委的议事日程。

黄委会以王化云为首的老领导对此极为重视,多次认真研究,于 1982 年 11 月 15 日向水电部发出《关于贯彻水电部〈水利史志编写工作座谈会纪要〉的报告》(由当时任黄委会主任的袁隆同志签发),报告提出了对黄河志编纂工作的初步安排。其中并提出在编志期间要出版不定期的内部刊物《黄河志通讯》。这是黄委会领导对出版黄河史志刊物最初的设想。

此后,经黄委会党委研究决定,1983 年 3 月 18 日,成立了黄河志总编辑室。1983 年 3 月 31 日,黄委会老主任王化云(时任黄委会顾问)召开会议,听取关于黄河志工作的汇报。他要求编志人员要学习司马迁、徐霞客、司马光等先贤,要尊重历史,严肃对待,编出来的志书要做到翔实、生动。他提出黄委会要专门召开一次党委会,专题研究黄河志问题,把黄河志编纂当作一件大事来抓。他还要求编志工作者要广泛搜集资料,要抓紧,趁了解黄河历史的老人还健在的时候,把我们人民治黄几十年来的历史大事记载下来。

1983 年 4 月 22 日,黄委会党委专门开会,听取黄河志工作汇报,研究黄河志的有关问题。王化云老主任亲自参加了会议。作者也参加了这次会议,并汇报了黄河志编纂筹备工作。会上研究确定了成立黄河志编委会的名单,决定出版黄河志内部刊物,并研究决定了刊物的名称。记得当时由黄委会副主任龚时旸同志提议,大家一致同意,定名为《黄河史志资料》。刊物的宗旨是:选载黄河史志资料,发表编纂动态和经验,借以达到交流经验、征求意见、核实史料、推动编志工作的目的。会议还确定近期结合防汛会议,召开一次黄河志编委扩大会议。

现在看来,《黄河史志资料》这个刊名,当时是定得很恰当的。好的是它符合实际并可以长期使用,既可为修志期间搜集、核实资料服务,又可为修志之后积累黄河资料,介绍黄河知识,向社会宣传黄河,为日后编史、编鉴或续修志书之用。刊名赋予这个刊物以充沛的活力和长久的生命。

刊名和办刊宗旨确定后,创刊的筹备工作随即开展起来。当时黄河志总编室负责编刊工作的是责任编辑和主编徐思敬同志。他曾长期在《黄河建设》月刊工作,具有丰富的办刊经验,工作又认真负责。他走访了河南著名国画家、书法家谢瑞阶教授,请谢老为刊物题写了刊名,并用谢老曾在北京人民大会堂接待厅陈列的大型国画"大河上下、浩浩长春"作为刊物封面。该画气势磅礴,反映了黄河雄浑、壮阔的泱泱大河风貌,被认为是表现黄河的空前杰作。

经过积极筹备,《黄河史志资料》创刊号亦即 1983 年第一期于 1983 年 9 月出刊问世。封面由河南第二新华印刷厂印刷,内文由黄委会劳动服务公司铅印车间印刷。第一期共 48 个页码,8 万多字,印 2500 册。封面内容是黄河志第一次编委扩大会议的图片,封底内封是"黄河碑林"专刊,刊登的是清朝河督吴大澂所立郑州荥泽八堡碑的拓片。

创刊号上登载了王化云主任写的《努力编好黄河志》(代发刊词)和《回忆刘邓大军渡河片段》。王化云主任在发刊词中写道:"我认为出版这样一个刊物很有必要,希望大家都来关心这个刊物,积极供稿,努力把它办好,使之在编纂黄河志中,发挥重要的作用。"创刊号还登载了水利部原副部长、著名水利专家张含英的《对〈黄河志〉编纂的几点意见》和《黄河治理纲要》,黄委会主任袁隆在黄河志编委会第一次(扩大)会议上的讲话《提高认识,加强领导,切实做好黄河志的编纂工作》和黄河志编委扩大会议的有关文件,水电部办公厅副主任李启凡《在全国江河志、水利志讲习研讨会上的讲话》,著名水利专家、原黄河花园口堵口复堤工程局总工程师陶述曾的《黄河花园口是怎样堵塞的》,以及一批史志资料和文章。创刊号上还刊登了《关于征集黄河文献资料的启事》和《黄河史志资料征稿启事》。《征稿启事》写道:"《黄河史志资料》是黄河志总编辑室编辑出版的内部刊物,它是一个以资料性、学术性、知识性为主的指导黄河史志编写的刊物。主要面向黄河史志编写工作者和黄河职工。选登有关编写黄河史志的史料和参考资料,以便于广泛征询意见,进一步研究、考证、核实资料,同时还将选登一些有关编写史志方面的业务性文件和稿件,以进行业务指导和交流经验,促进黄河史志编写工作的顺利进行。"

创刊号发行到全国各地,收到广大编志工作者和全河职工的欢迎。通过刊物与国内同行的交换,又收到全国水利史志编纂同行及地方史志编纂机构的好评。

办刊初期,广泛征集稿件便是首要问题。1983年12月27日,徐思敬、王延昌专程到开封走访了老黄委会工程科科长宁祥瑞。1984年3月下旬,徐思敬又专程到长垣县访问老河工冯连贵,向他了解、搜集1933年黄河特大洪水的资料。1984年9—10月,徐思敬、李亚力又走访了内蒙古、宁夏、甘肃、青海、陕西等省区,了解有关情况、搜集资料并为刊物约稿。

1986 年 10 月,水电部在湖南桃园县召开的全国水利志编写工作研讨会上,刊物主编徐思敬就《黄河史志资料》编辑工作经验做了典型发言,受到水电部办公厅领导的点名表扬。

谢瑞阶的刊名题字,一直用到 1985 年底,即总第 10 期。从 1986 年第 1 期开始,改用著名方志学家、原中国地方志指导小组成员、中国地方志协会副会长董一博为本刊的题名,一直沿用至今。

刊物的栏目随着稿件的增多、编志工作的发展,也逐步增加。由创刊初期的"修志专论""史志篇目""修志动态""试写稿选""治河专论""河工纪实""历史灾害"等,逐步扩展到"治黄春秋""史料考证""黄河掌故""名胜古迹""古籍译注""社会经济""历史图片""领袖与黄河""黄河新思路""水资源与生态环境"等。刊物功能,由初期的配合黄河志编辑,为编志积累资料,逐步扩大外延,同时也为广大读者提供古往今来有关黄河的百科知识和历史知识,宣传黄河成就,扩大黄河、黄委会的社会影响。

1995 年黄河志总编辑室(黄河年鉴社)主编的《黄河年鉴》经国家新闻出版署批准正式出版并对国内外发行以来,《黄河史志资料》又担负了积累年鉴工作资料,总结推广年鉴工作经验,指导和推动年鉴工作顺利进行的职责。

《黄河史志资料》从 1983 年 9 月创刊以来,每季出刊一期,从未间断,迄今已连续出刊 100 期,历时 25 年,是目前全国仅存的唯一水利史志刊物。25 年来,在刊物的推动下,中国历史上第一部全面完备的大型新编《黄河志》已于 1998 年全部出齐,全志共十一卷,800 多万字。《黄河志》不仅是一部全面总结古今治黄经验、探索黄河规律的志书,一部弘扬黄河文化丰富内涵的力作,还是一部历史教育、国情教育和爱国主义教育的好教材。该志曾荣获中共中央宣传部"五个一工程"图书奖及中国图书奖等省部级以上奖项 20 多项。此外,在刊物的推动下,黄河系统和地方有关单位先后公开出版或内部出版了地方县黄河志及黄河专业志、黄河史志著作等 40 多部。新编《黄河志》与黄河史志著作在精神文明建设和治黄建设中正在发挥越来越大的作用。

在《黄河史志资料》办刊过程中,许多领导同志及老专家对刊物十分关心,经常仔细阅读本刊,发现问题及时与刊物联系,提出意见,并对办刊提出了不少有益的建议。如著名水利专家、中国水利学会理事长、河海大学名誉校长严恺,水利部原副部长、著名水利专家张含英,中国水利学会领导梅昌华和定居北京后的黄委会老主任王化云等,都给刊物来过信。如张含英对1986年编辑出版的一期《黄河史志资料》中,曾有一人名,字很生僻——"諒",刊物误印为"谅",张老发现后立即亲笔给刊物编辑部写信指出。1988年4月,张老以88岁高龄,又曾致信刊物编辑部,指出对《河南黄河志》及《河南省志·黄河志》(稿)中的一处按编年次序颠倒的错误,之前总编室有关编辑曾校核过多次均没有发现,说明张老治学精神的严谨和对黄河志工作的关心。这些,都使黄河编志和刊物的编辑同志深受感动。

《黄河史志资料》刊物25年来所取得的成绩,与黄委会领导的重视、各级领导和专家学者的支持,以及本刊工作者的辛苦劳动和广大读者的支持帮助是分不开的。

当前首届黄河志编写任务虽已完成,但续修《黄河志》工作正方兴未艾,《黄河年鉴》正在持续出版,为总结、传承黄河治理的历史经验,黄委会正在立项、启动《民国黄河史》等历代黄河史的研究和编写,全面完成黄河史志任务仍任重道远。《黄河史志资料》创刊25周年和出刊100期之际,回顾25年来的办刊艰苦奋斗史,要特别珍惜当前来之不易的办刊环境,珍惜团结、稳定、和谐的史志编写局面和刊物已取得的声誉和品牌,继续兢兢业业地工作,开创办刊工作的新局面,把《黄河史志资料》办得更好!

(原载《黄河史志资料》2008年第2期)

闪光的黄河名片

——写在黄河志总编辑室成立30周年之际

黄委会老主任王化云对黄河史志工作非常重视。他与黄河打了几十年交道,积累了丰富的治黄实践经验,深知编写黄河志统合古今,将治黄的历史和现状用志书的形式记载下来,是一项"造福当代、惠及后世"的大事。在他的关怀和主持下,经当时的黄委会党委研究,于1983年3月18日成立了黄河志总编辑室,接着成立了黄河志编纂委员会,召开了黄河志编委会第一次扩大会议,出版了编志刊物《黄河史志资料》。从此,黄河志工作在全河迅速开展起来。在一次专门研究黄河志编写工作的党委会上,王化云曾意味深长地说:"黄河志这个事非常重大,不是个人著书立说;黄河志书是黄委会的官方文件,党委应有很好的认识和理解,要当作一件大事来抓。"后来他又在不同场合说过:"黄河志是黄委会的一张名片。"

时至今日,黄河志总编辑室已成立30年了。30年来,历经15年编纂,出版了大型系列江河志《黄河志》共十一卷800多万字。同时出版了配套丛书《黄河志索引》和《黄河志书评集》等。

根据水利部统一规划编纂的大型江河志《黄河志》,是黄河史志编纂的主体工程。这套《黄河志》系列丛书以黄河的治理和开发为中心,全面系统地记述了黄河河情、黄河治理的历史与现状以及黄河流域人文情况等。全书以志为主体,兼有述、记、传、录等体裁,并有大量图表及珍贵的历史和当代照片穿插其中。它是高度密集的黄河知识和文化的载体,是科学浓缩的黄河资料集萃,是众多黄河史志工作者含辛茹苦的心血结晶。《黄河志》的内容涉及黄河的方方面面和各个科学领域,组织数百名专家学者撰稿审稿,并要求达到内容完全准确又不相互重复和矛盾,是一件很不容易的事。《黄河志》各卷的陆续顺利推出,是黄河志总编辑室组织众多专家学者进行集体攻关所结出的硕果。为了保证资料的翔实、准确,十几年来,编志人员摘编资料两亿多字,不仅查阅了黄委会自存的大量古今文献资料,还查阅了首都北京各大图书馆、中央档案馆,黄河流域各省图书馆、档案馆,南京中国第二历史档案馆的有关资料,而且充分利用了在北京故宫复制的有关黄河的清宫档案23000多件,以及兄弟单位提供的资料,并对这些资料进行了去伪存真、去粗取精的筛选和加工。在编辑过程中,编辑人员还多次走访重大治黄事件的当事人,并进行过多次野外实地调查,掌握了大量第一手资料,从而在自然与社会、历史与现状、深度与广度上突出了全书的资料性,保证了《黄河志》的高质量。

《黄河志》的编纂出版是一项系统工程。黄河哺育了中华民族的成长,被称为"母亲河"。自古以来,黄河的治理与国家的政治安定和经济盛衰紧密相关。在当今社会主义现代化建设中,黄河安全事关大局,黄河的治理开发在国民经济中具有重要的战略地位。《黄河志》编纂工作伊始,新华社就向国内外作了报道,因而引起中外瞩目。党和国家领导人对《黄河志》编纂十分关心,中共中央原总书记胡耀邦为《黄河志》题写了书名,中共中央政治局原委员胡乔木为《黄河志》题词:"黄河志是黄河流域各族人民征服自然的艰苦斗争史。"全国人大常委会原委员长、时任国务院总理李鹏1991年8月欣然为《黄河志》作序,他在序中高度赞扬《黄河志》的出版"不仅对认识黄河、治理开发黄河将发挥重要作用,而且对我国其他大江大河的治理也有借鉴意义。"全国人大常委会原副委员长、时任国务院副总理田纪云,1991年5月特为《黄河志》第七卷《黄河防洪志》作序;1992年5月他在郑州接见了《黄河志》的编纂人员及出版工作人员,并欣然为《黄河志》题词:"编好黄河志,为认识、研究和开发黄河服务。"此外,国务院原副总理姜春云,全国政协副主席钱正英,水利部原部长杨振怀、钮茂生,蜚声中外的著名水利专家张含英,中国科学院和中国工程院院士、清华大学原副校长张光斗,著名历史地理学家、浙江大学教授陈桥驿等分别为《黄河志》各分卷作序。在《黄河志》各卷出版过程中,曾在郑州、西安等地先后召开过 5 次新闻发布会或首发式,当地党、政、军领导人及有关专家学者、新闻单位同志踊跃参加,会后在报刊、广播、电视上进行了广泛报道,产生了积极的社会效应,推动了《黄河志》的编纂进程和学志、用志活动的开展。长期以来,许多专家学者和关心治黄的人士,热切盼望着能有一部系统全面和高质量的《黄河志》问世,但由于历史原因和种种条件限制,不能如愿,被认为是一大憾事。如今新编《黄河志》出版问世,使他们欣喜不已,纷纷给黄河志总编辑室来信,盛赞这是治黄史上的一大盛举,称编辑出版人员办了一件"造福当代、惠及后世"的大好事。

《黄河志》出版后,以其系统而丰富的内容,严谨高雅的格调,庄重朴实的品位以及优美典雅的装帧,受到广大读者的喜爱。已出版的黄河志书发行到了香港、台湾和海外。著名的美国国会图书馆为收藏新编《黄河志》,曾委托美国驻华大使馆派专人来郑州黄河志总编辑室购买。《黄河志》出版以来,曾多次获奖,其中《黄河防洪志》获得中共中央宣传部首届"五个一工程"优秀图书奖,中国图书奖一等奖。《黄河志》各卷获得省部级以上奖励已达 10 余项。黄河志总编辑室 30 年来也获得过全国、水利部、河南省及黄委会许多荣誉称号,其中 1999 年获河南省人民政府修志先进集体称号,2010 年 12 月获全国最高修志机构中国地方志指导小组颁发的全国方志系统先进集体荣誉称号。

为配合黄河志编纂,帮助和指导全河各修志单位开展黄河志工作,发表编纂动态和经验,同时也为广大读者提供古往今来有关黄河的百科知识和历史资料,黄河志总编辑室编印了《黄河史志资料》季刊。30 年来,已连续出刊 119 期,共约 1200 万字。此外,为逐年反映黄河水利事业发展和治黄史实,并提供统一的权威性的统计资料,黄河志总编辑室(黄河年鉴社)从 1995 年起编纂出版了《黄河年鉴》,每年一卷,迄今共出版了18 卷,共约 1500 万字。它是系统反映黄河开发治理业绩的流域性年刊。该年鉴出版以来多次获奖,曾获得中国年鉴奖、全国年鉴编校质量一等奖、河南省第六届社科期刊综合质量检测一级期刊等。

30 年来,黄河志总编辑室还编纂完成纳入省地方志系列的多部黄河志书,如《河南省志·黄河志》(21 万字)。在该书编纂之前,还集中力量编纂了专业志《河南黄河志》(65 万字)。前者曾获全国新编地方志优秀成果一等奖,后者曾获河南省地方史志优秀成果一等奖。

黄河志总编辑室在承担编纂《黄河志》任务的同时,还承担了指导和推动黄委会基层单位修志工作的职责,充分利用黄委会修志的大环境,结合治黄工作和地方修志的需要,组织推动了黄河系统和地方有关单位编纂地市县黄河志及黄河专业志数十部,组织召开或组织参加数十部黄河志稿的评审会议,确保了志书出版质量。此外,还编辑出版"黄河史志丛书",包括《李仪祉水利论著选集》《历代治黄文选》《潘季驯治河研讨会论文集》《中央领导与黄河》《治水四十年》《河防笔谈》《林则徐治水》等20 多部。近几年来,根据水利部的安排,黄河志总编辑室还组织完成了《中国河湖大典·黄河卷》《中国河湖大典·西北诸河卷》的编纂。此外还开展了续修《黄河志》的前期工作等。

黄河志总编辑室的 30 年,是艰苦奋斗的 30 年,是实干苦干的 30 年,也是求实创新的 30 年。"往事峥嵘岁月稠",我作为一名黄河志老兵,回忆我在黄河志总编辑室坐班工作的 15 年,它充满艰辛与甜蜜,有付出有收获。它给我留下人生中最宝贵、最值得珍藏的永远记忆。退休以后迄今的 15 年,虽然人离开了总编室,但仍经常参加总编室委托的一些工作,我的心也没有离开。对总编室的同志有着深厚的感情。30 年来,总编室的领导换了 6 届,人员虽时有调整,但总编室人特别能吃苦、特别能忍耐、特别能奉献、甘于坐冷板凳的精神在我心底打下了深深的烙印。"心血染风采,深情凝巨帙。"随着岁月的流逝,总编室已有8位同志先后逝世,永远地离开了我们。编纂《黄河志》期间,总编室下属7个局院编辑室,有20多位编志工作者也先后驾鹤西去,长眠于地下,他们兢兢业业、苦干实干的精神永远留在我的心里。

黄河志总编辑室的30年,是黄河志事业发展新的里程碑。展望未来,黄河志事业仍然任重道远。2006年5月18日,国务院颁布了温家宝总理签署的《地方志工作条例》,明确规定地方志20年续修一次。水利部也提出了续修江河水利志的要求,黄委会续修《黄河志》工作虽在多年前已启动,但因种种原因中途停顿,亟待继续开展。当前修志工作在新的情况下还面临诸多困难,黄河志总编辑室既承担了黄委会编志工作职能,同时兼有统筹全河修志工作,指导、帮助基层黄河单位完成编志工作的行政职能。建议黄委会领导及出版中心加强对黄河志总编辑室的领导,统筹规划,为修志工作提供必要的环境、条件和支撑,使续修《黄河志》工作尽快全面启动,早日保质完成,使黄河志这张名片继续闪光。黄河志总编辑室人更要以等不起的急迫感、坐不住的责任感、慢不得的使命感,以更加广阔的视野、更加奋发的精神、更加开放的姿态、更加执着的努力,在建设"黄河特色、全国一流"的高水平研究型编志机构,在编出更多优质成果的征程上,创造新的辉煌。

(作者为黄河志总编辑室原主任)

(原载《黄河史志资料》2013年第2期)

洛河明珠　志苑新葩

——评《洛河故县水库志》

《洛河故县水库志》历时三载,五易其稿,终于刊行问世。洛河是黄河三门峡以下的最大支流。故县水库工程是黄河中、下游防洪体系的重要配套项目。由于种种历史原因,工程"四上三下"历经36年,终于建设成功投入运用,并发挥防洪、发电、水产养殖等效益。该工程曲折多变的过程和所经历的艰难漫长的岁月,为同类工程中所罕见。而工程建设者排除万难、精益求精、使工程建设达到高质量的事迹,也十分动人。该工程设计曾获水利部优秀设计金质奖,施工荣获国家科技进步奖及水电部优质工程奖。《洛河故县水库志》以其全面系统的表述形式、翔实可靠的内容,向读者展示了故县水库建设的历史与现状,是一部既有存史性、资料性和科学性,又有可读性和实用价值的志书,是黄河志苑中的一株新葩。难得的是,这样一部洋洋50多万字高质量的志书,主要是由几位参与过工程建设的离退休老同志辛勤筹划与笔耕完成的,更使我们感到这一丰硕成果来之不易,可喜可贺。

以下谨将粗读后的初步感受略述如下:

一、周详合理、严谨有序的篇目结构

篇目结构是志书的编纂蓝图,周详合理、符合志体要求的篇目结构,是修好志书的重要基础,也是志书编纂成功的重要环节。据笔者了解,《洛河故县水库志》(以下简称《故县水库志》)的编者在该志篇目结构的

筹划上曾多方征求有关专家意见,反复切磋,数易其稿,费了不少功夫。我们现在看到的《故县水库志》篇目结构,总体上是以工程进展顺序安排的,采用述、记、志、图、表、录等体裁系列,丰富了表述手段。全书以志为主体,以事设章,分"洛河流域概况""勘测设计""兴建变化与施工准备""大坝施工""电站施工""施工管理""科技进步""移民及淹没处理""地方支援""工程投资效益评价""工程验收""工程管理""大坝安全鉴定""灌区与河道规划"等共14章,排列顺序符合记述事物的内在逻辑关系,图、表、录穿插运用恰当。由"概述"统领全志,"大事记"贯串脉络。每章之前设无题前言(或称"小引"),简介该章内容,有提挈钩沉、网罗全章的作用。

前辈方志学家称方志为"一方之全史",又说"志贵周详",可见全面详尽地反映本事物的基本情况,是方志的首要特征。《故县水库志》通过上述14章的详尽记述,加上"概述""大事记"及有关图表、附录等,已将故县水库建设领域重要事实包罗无遗,志书形式与内容匹配,结构科学,脉络分明,比较完整地反映出故县水库建设的全貌。

《故县水库志》的"概述"写得比较简练,用字不多而重点突出。它没有按一般的格式分述历史和现状,而是抓住故县水库建设的特点,集中写几个问题。如引言部分记述故县水库的地理位置及重要作用,接下来分四个问题记述:首叙故县水库工程的建设背景,次叙勘测设计及工程规模的确定,三叙施工经历的"四上三下"的过程,四叙与故县水库工程成败攸关的库区移民与地方支援工作。这种写法打破了时间界限的分割,按事物归类立论,使问题集中,主线突出。读了"概述"之后,对故县水库工程建设的大势大略便可一目了然。从全书的结构来看,"大事记"以时为经,正文以事为经,而"概述"则将此二者综合起来,互相补充,气韵浑然。

二、翔实可靠、系统全面的史实内容

万丈高楼平地起。翔实的资料既是编纂志书的基础,又是志书的质量保证。《故县水库志》编者以"全面、系统、客观、准确地记述水库建设的历史与现状"为主旨(见"凡例")。抓住了搜集资料这项重要基础工作,又把握好选择与运用资料这个重要的关键,这就抓准了志书基本的质量保证。《故县水库志》的编纂者在查阅工程勘测、设计、施工等大量文献基础上,辅以召开老同志座谈会、走访当事人等方法,并多次到洛阳市第二档案馆、黄河档案馆、三门峡市档案馆等地查阅有关资料,广泛吸收了流域规划、水资源调查、洪水分析、历史旱涝气候研究、文物处理、下闸蓄水、大坝安全鉴定等成果资料的核心及精华部分,全面掌握了故县水库的建设背景、建设过程、经验教训和管理现状,据此得以清晰地掌握了故县水库工程的时空布局和建设特点。在编写中,编者又力求克服资料堆砌的弊端,而是抓住重点,以充足的资料,着重反映以下几个方面的内容:

(1)以充足的资料反映了故县水库建设者在工程建设中对质量的高度重视。

(2)以充足的资料反映工程建设"四上三下"的艰难进程。

(3)以充足的资料反映工程建设中的"科技进步"与"地方支援"。

(4)以充足的资料反映水库工程建成后的管理,因为只有搞好管理,才能最大限度地发挥水库工程的效益。

《故县水库志》在编写中注意了"以事系人",避免了以往有些专业志记叙中只见事物不见人的现象。工程勘测、设计、施工阶段,每一时期参加人员及人的活动,均有详细记述。

《故县水库志》选用的"附录"也比较多,既有工程竣工验收与工程质量评定方面的权威文件,又有故县地区历史洪水、地震活动及文物考古、移民迁建等方面的重要资料,还有几篇不宜在志书正文中收录的有存史价值的《工程建设的回顾》《移民村史话》等。"附录"的纂辑与撰述两体并存的方式,增加了志书的资料容量,为本书的资料性特征增添了风采。

对于一部专业性较强的水库工程志来说,如何将专业志转化成为一般读者看得懂、读得下去的读物,文字语言的表达能力将起着决定性的作用。《故县水库志》的编者为此下了一番化难为易、化繁为简的文字锤炼功夫。摆在读者面前的这部《故县水库志》,是一部较为简洁、用通俗和流畅语言完成的记述一个与人民生命财产和国家建设安全密切相关的大型水库工程的力作。努力提高专业志书的可读性,以专志的地情信息充实人们的知识,开阔、深化人们对地情、对事物的认识,进而提高志书的实用性,在这方面《故县水库志》的成功给我们以可贵的启示。

三、地方色彩浓烈,时代特点鲜明

地方色彩是展示地方志书质量的一个重要方面。一部志书有无浓烈的地方色彩和鲜明的时代特点,是衡量志书优劣的重要尺度之一。故县水库工程是一个很有特色的工程。从总体上看,故县工程处于黄河中下游的关键部位,对削减黄河洪峰、保证下游安全及发展豫西工农业生产有重要作用。另外,该工程长达36年"四上三下"的传奇经历,具有强烈的个性色彩。故县工程最终得以上马并建成,是治黄建设的需要,是豫西工农业生产发展的需要,也是人们对黄河防洪认识深化的结果。工程的建成使用是历史发展的必然。《故县水库志》的编者在全面掌握故县水库工程大量资料的基础上,准确地把握了故县水库的个性和特色,在篇目设置上给予适当安排,在编纂的手法上予以突出记述。如将兴建变化与施工准备单列一章,详细记述3次施工情况与第4次施工前的大量准备工作。此外又将"科技进步"与"地方支援"单独设章,也都体现了故县水库工程的个性特点。

为了突出时代特色,《故县水库志》编写中坚持了"详近略远"的原则,把1978年起水电部决定将故县水库列为部直属直供项目,并指定由第十一工程局施工,由此而开始的第4次施工,作为记述的重点。故县工程的施工高潮是在20世纪80年代,即党的十一届三中全会以后。随着全国工作重点的转移,改革开放的高潮逐步兴起。在这样的大环境下兴建的故县工程,它的设计方案、施工部署、科技进步、质量保证体系及移民迁安方针等,无不闪现出鲜明的时代特色。书中对当今事物特别是新生事物浓墨重彩的记述,散发着强烈的时代气息。

四、持重的历史厚度,珍贵的史料价值

《故县水库志》不仅现实资料十分翔实,而且历史资料也有非常持重的厚度。现实资料与历史资料融汇得很和谐。正志记述的综合性、各类图片的存史性、各类表格的量化性和附录内容的典型性的互补,宏观、中观与微观资料的结合,构成了该志丰满详厚的历史画卷。

《故县水库志》继承方志重视地图的传统,卷首设彩色胶印《洛河流域图》,具体显示了故县水库的位置及地理环境。紧接着是水利部及河南省党政领导人的题词,老一辈无产阶级革命家周恩来视察洛河河段的照片。以下分"领导视察、水库雄姿、勘测设计、工程施工、地方支援、移民迁安、工程验收、工程效益、工程管理、库志编纂"等栏目,刊登反映水库建设不同时期、不同阶段、不同场面的照片68幅。此外志书中还有数十幅随文图片。这些照片、插图与整体文字相辉映,图文并茂,互相印证,给人以直观感、真实感、历史感,充分反映出故县水库建设的历史进程。志文内还设有表数十张,以简洁的表体,反映故县水库的工程特性与各项指标,再现故县工程的发展脉络,文表互补,相得益彰。

《故县水库志》以相当突出的篇幅,记述了在建设过程中,广大职工艰苦奋斗、自力更生、苦干巧干、不断创新的事迹。为此专设一章"科技进步",记述了在故县水库设计中采用的先进技术,施工中采用的新工艺、新技术、新材料。例如,设计不断优化取得的直接经济效益达1000万元。又如施工中采用的过水施工围堰,经过7次汛期洪水漫顶考验,安然无恙。该设计于1986年6月获水电部水电总局颁发的优秀设计奖。施工中创造性地自行设计、制造、安装了一条长达2423米的架空索道,用以进行砂石运输,节约运费260万元。该项目荣获1984年水利水电系统二级优秀工程奖。当时,水电部水电总局领导称赞该索道的运行成功,为我

国水利水电建设砂石料运输提供了新经验。此外,有关职工拼搏精神、奉献精神的记述,在志书中也随处可见。工程建设者的英雄事迹,将与巍然屹立的大坝共存,具有珍贵的史料价值。

（原载《河洛史志》1999 年第 2 期）

九十寿辰前夕访张老

1989 年 5 月 10 日是我国著名水利学家和治黄专家张含英同志九十寿辰。水利部及中国水利学会为表彰张老对中国水利事业的贡献,在北京举行"祝贺张含英同志从事水利事业 65 年暨九十寿辰大会"。笔者在赴京参加纪念活动期间,于 5 月 8 日上午带着广大黄河志工作者对张老的敬爱之情,来到水利部南院张老的办公室进行拜访,并向张老赠送了新近出版的黄河志第一卷《黄河大事记》和新近编纂完成的黄河志第六卷《黄河防洪志》初稿,受到张老的热情接待。张老虽已九十高龄,但精神矍铄,面色红润,双颊布满银须,他高兴地翻阅着志书说:"好久没有见到你们黄河志的同志了,你们编志工作成绩很大,黄河志一本一本都出来了,对你们的干劲,我从内心很佩服!"说着,张老从桌上拿起一册《张含英自传》说:"我写了一本自传,水利学会已经将它印出来了,后天上午开会就要发给你们;这本自传封面设计这一弯一弯的就是黄河,我对黄河是深有感情的;我这本自传里许多材料还是从你们给我的《黄河大事记》初稿里摘录的,否则,有许多事情的时间、地点,我怎么会记得那么清楚。还有你们编的《黄河史志资料》,我每期都看,基本上一篇都不落,最近出的那期,登了方宗岱等同志的文章,我都看了,刊物编得很必要、很好,许多资料很有用。"

笔者向张老汇报了黄河志的编纂情况,并就编志中的一些问题及民国时期张老在黄委会任职期间的一些史实请教了张老,张老经过回忆一一作了详尽回答,在回答有些问题时,张老还翻出《自传》的有关部分给笔者看,说:"你们提的这个问题,《自传》中已经写的有了,你们可以参阅。"张老回顾几十年前参加治黄工作的艰苦历程,深有体会地说:"编历史真不容易,要澄清一个史实,往往要下很大功夫,还要克服很多困难;你们编志工作一定要尊重历史,要把史料搞准确,要多找历史见证人,还历史以本来面目;我相信,黄河编志工作在大家的共同努力下,必将最后成功。"

张老接着又谈了他最近的健康状况,说:"我的身体总的说来还好,但是心脏和大脑现在都有点毛病,毕竟年纪大了,不能像年轻时那样干了,但我还是离不开水利工作,现在每天上午我都来办公室。"笔者告诉他,广大黄河志工作者和黄委会广大职工永远不会忘记张老对治黄工作的贡献和对黄河志工作的亲切关怀,衷心祝愿张老健康长寿。张老微笑说:"你们从那么远的郑州赶来,为我祝贺,我感到很自愧,我的心愿归结起来就是这两句话。"说着,张老翻开《自传》,指着最后一页的两句话说:"余热夕阳颂,向前赤子心。我的生命虽已如夕阳,但仍要献余热,我满怀赤子之心,仍要永远向前。"

（原载《黄河史志资料》1990 年第 2 期）

一个人和一条大河

——张含英同志与治黄简记

　　我国著名的水利学家张含英同志从事水利工作已经 65 年了。在长达半个多世纪的漫长岁月里，张老为我国水利事业和治黄事业做出了杰出贡献。

　　张老作为一个水利学家和黄河专家，对黄河具有特殊的感情。1900年，张老出生在黄河之滨的山东曹州府，即今天的菏泽县。当时黄河决口、改道频繁，泛滥成灾，人民颠沛流离，贫困、落后，给童年和少年时代的张老留下了极为深刻的印象，这促使他走上学水利的道路。1925 年冬天，当张老从美国学成归国后，他首先回到了日夜想念的母亲河边，开始了探索治黄道路和亲身参加治黄实践的历程。当年，他应邀查勘了菏泽城北李升屯民埝决口，看到当地的险工、护岸全部为秸料，抗洪能力很差，他便提出改为石坝、石护岸的主张。1928 年至 1929 年，他还提出了用虹吸管抽黄河水浇地和利用水力发电的建议，并做了小型试验，取得了成功。但在当时的历史条件下，他的治黄主张未被采纳。

　　1930 年，张老任北洋大学教授期间，阅读了大量中外治河论著，对治河方略有了进一步的理解。1931 年，他在《大公报》上发表了《论治黄》一文，并与著名水利专家李仪祉先生讨论和商榷黄河治本的大计。

　　1932 年 10 月，他陪同国民政府特派黄河水利视察专员王应榆考查了从河南孟津至山东利津整个黄河下游河道情况，对下游河道有了全面的了解，进一步加深了对黄河的认识，写出了《黄河视察杂记》和《黄河河口之整理及其在工程上经济上之重要》等文章。

1933年8月,黄河陕县水文站发生了22000立方米每秒的大洪水,河南和河北两省就决、溢一百余处,洪水横流,灾情严重。经国民政府决定,于9月初在南京成立了黄河水利委员会,张老被任命为委员兼秘书长。他在黄委会工作3年,协助李仪祉大力开展了治黄的基本工作,提出了许多有益的治黄建议,如:利用现代科学技术,加强观测研究和试验,以改进治理措施;对治理黄河主张上中下游兼顾,兴利除害并举等。他的治黄意见收集在1936年出版的《治河论丛》中。此外,还写出了《黄河水文之研究》等文章。1935年,张老兼任黄河水利委员会总工程师,1941年,他出任黄河水利委员会委员长,并继续进行治黄方略的研究,先后出版了《土壤之冲刷与控制》和《历代治河方略述要》等专著。

1946年,国民政府水利委员会组成黄河治本研究团,张老任团长,带队前往上中游进行考察。1947年秋,张老根据考察结果及多年的切身实践撰写了《治理黄河纲要》一文,共80条,14000余字。这篇力作系统、全面地阐述了张老对于治黄的主张。这些主张摆脱了旧的治理黄河模式,提出了以近代科学技术治理黄河的新思路。

1948年初,张老就任北洋大学校长,第二年又任中央大学教授,临近解放,他拒绝随同国民党去台,留在南京,迎接全国的解放,表现了张老的崇高气节。

1949年,南京及江南大片土地解放后,张老参加了中国共产党领导的人民治黄工作,出任新组建的黄河水利委员会顾问,除对黄河治理提出了全面的意见外,并建议在河南修建人民胜利渠,开辟了黄河下游引黄灌溉的道路。1949年8月至11月,张老连续发表了《论黄河治本》《人民治河与"河督治河"》《黄河河槽冲积的变化》《新黄河的光明前途》等文章。1950年7月,张老参加了有水利部部长傅作义和苏联专家参加的黄河下游查勘组,查勘了黄河干流潼关至孟津河段,对一些水库坝址进行了对比研究,并勘定了引黄灌溉济卫工程渠首闸的闸址。1953年4月至7月,张老又率团考察西北黄土高原水土保持,结束后,写出了《对于黄土高原水土保持工作的认识》一文。1954 年 2 月,为进行黄河流域综合利用规划补充资料,听取流域各地对治黄的意见和选定第一期工程,中央组成有苏联专家参加的、大规模的黄河查勘团,张老担任查勘团的秘书长。这次查勘历时 90 余天,行程 12000 公里。1954 年 12 月,张老发表了《黄河概况及其开发前景》。1955 年 8 月,张老以《改造黄河的综合规划》一文,热情介绍了全国人民代表大会第一届第二次会议通过的《关于根治黄河水害和开发黄河水利的综合规划》。1965 年 4 月,张老发表了《黄河下游调查记》,1966 年 6 月发表了《黄河入渤海故道探索札记》等文章。

在十年动乱的艰苦岁月里,张老虽受到不公正的待遇,但他仍日夜思念着黄河,继续坚持整理、修订旧稿,并撰写治黄新著。他在图书馆里撰写了《历代治河方略探讨》和《明清治河概论》两本书,后经多次修改已与读者见面。

粉碎"四人帮"后,国家百废待兴,治黄工作面临新的前景。1978 年 11 月,张老发表了《治理黄河的探索》一文。党的十一届三中全会后,面临祖国"四化"建设的新任务,治黄规划是亟待解决的问题。1979 年 10 月,张老以 79 岁高龄,风尘仆仆赶到郑州,主持召开规模盛大的黄河中下游治理规划学术讨论会。1981 年 3 月,张老发表了《黄河下游的防洪体系》,同年 10 月发表了《黄河召唤系我心》及《黄河洪警话上游》等文章。1982 年 2 月,张老总结了三门峡工程的经验与教训,发表了《三门峡枢纽的兴建与改造》一文。

1983 年春,根据原水电部的统一部署,多卷本大型江河志《黄河志》的编纂工作全面开展。张老被聘为黄河志学术顾问。早在 1934 年夏,国民政府组织的《黄河志》编纂会,张老也是编纂人员之一,他承编了"水文·工程"篇,于 1935 年出版。但整个《黄河志》预计 7 篇,当时只出版了 3 篇即告中断,成了未竟之作。新中国成立 40 年来,人民治黄取得了巨大成就,张老欣逢"盛世修志"的局面,感到由衷的高兴,他以极其喜悦的心情关注着新编黄河志这一造福当代、惠及后世的精神文明建设工作，他不仅热情洋溢地接待了黄河志编者，并亲笔撰写了《对黄河志编纂的几点意见》一文，他认为"这是一大好事，深望早观厥成"，"惟以衰老不能执笔参与盛举为憾"。1986 年当新编黄河志的第一部成果《河南黄河志》出版问世后，他又写了"治河遵科学，撰志结同心"的题词，鼓励黄河志工作者同心同德把志书修好。修志 7 年来，张老经常参与审稿，并对黄河志编纂从指导思想到一件史料的核实等方面提了许多宝贵的意见，《黄河史志资料》中一字之错、一名之误，他也常亲自写信指正。目前，黄河志的编纂工作在张老的关怀下，进展顺利，计划今年完成全部初稿，其中，部分达到送审稿的水平。

张老从事水利事业 65 年来对治黄事业的贡献，将永远留在治黄史册和全体治黄工作者的心中，在纪念张老九十寿辰之际，我们治黄工作者要认真学习张老的高风亮节和好学不倦的精神，学习他刻苦探索历代治河经验，研究治河方略的存真求实的精神和严谨的治学态度，把黄河的事情办好，让黄河为祖国现代化做出更大的贡献！

（原载《黄河史志资料》1990 年第 2 期）

黄河之子回报黄河

河北省馆陶县地处古黄河之滨,据旧志记载:从东周周定王五年(前602年),黄河在宿胥口改道经馆陶,从天津以北入海开始,曾先后九次在馆陶决口改道。每次决口改道,都给全县人民带来沉重的灾难,可以说,馆陶人民在历史上曾饱受黄河之苦。在馆陶籍的名人中,有一位与黄河结下不解之缘,对人民作出杰出贡献的人,他就是人民治理黄河事业的开拓者、中国治黄史上的丰碑式人物,被人们称为"一代河官""名副其实的大禹传人"的王化云同志。他是黄河之子,他以平生的才智经历回报了黄河。

笔者曾在黄河水利委员会工作40多年,并曾主持编纂《黄河志》工作,对长期担任黄委会主任的王化云同志的治黄业绩及其思想、品德和人格魅力深表崇敬,一直怀有探索这位治黄名人成长历史环境与革命道路的愿望。当获悉其家乡的志书《馆陶县志》出版的消息,感到非常欣喜,急切地企盼先睹为快。今年3月,当我看到馆陶县志办公室的新编《馆陶县志》后,在百忙中挤出时间,兴致勃发地阅读了该志。《馆陶县志》贯古通今,全面记述了馆陶自建置以来的历史与现状,展示了全县从自然到社会,从历史到现状以及人物、风貌等方方面面,文字表述准确,图片丰满有力,是一部馆陶地情大全的佳作。书中所记述的黄河在馆陶的变迁情况和古黄河的有关资料又是治黄规划设计和华北大平原开发的重要依据。

馆陶位于华北大平原之中,这里气候湿润,沃野广袤,田连阡陌,风光秀丽,是河北省南部的一块宝地,素有"冀南粮棉之乡"之誉。在这块土地上,沧桑的历史哺育造就了一代又一代的贤士哲人和英雄豪杰。唐朝名相魏徵、抗日战争时期民族英雄范筑先、治黄名人王化云、当代著名作家雁翼等馆陶籍名人,为馆陶历史增添了风采。馆陶地灵人杰,古往今来人才蔚起。读了新编《馆陶县志》,深感馆陶良好的自然环境,淳朴、耿直、豪放的民风,优良的革命斗争传统,为俊才辈出创造了优良的成长条件。

黄河之子、著名治黄专家王化云(1908—1992),是馆陶籍名人中的杰出代表,他生前曾给我们讲过他的家庭和青少年时代的故事,对哺育过他的黄河之滨的故乡馆陶怀有深深的眷念。1908年1月,王化云生于馆陶县南馆陶镇,他的家依傍着卫河。他的父亲是个秀才,可以说是书香人家。王化云在馆陶上小学与在师范讲习所学习期间,就初步受到马列主义革命宣传的感染。1935年,他在北平大学法学院毕业后创办北平精业中学并任校长,因支持学生爱国救亡运动受当局胁迫而还乡。"七七"事变后在国民革命军第三集团军总政训处任少校干事,1938年加入中国共产党,先后任解放区抗日政府县长、行署民政处长、司法处长等职。这期间,他在馆陶、冠县一带组建抗日政权、发展人民武装、参加反"扫荡"斗争、推动根据地建设等方面做了大量工作,在大风大浪的历史考验面前,他立场坚定,旗帜鲜明。1946年春,在国共两党围绕黄河回归故道展开一场重大斗争的时刻,38岁知识分子出身的王化云出任冀鲁豫边区黄河水利委员会主任,从此开始了他为之奋斗终生的治理黄河生涯。

王化云上任后,一面潜心研究黄河历史和治黄方略,一面发动群众,开展"反蒋治黄"斗争,建立人民治黄体制。在国民党军队重兵压境,飞机狂轰滥炸的险恶形势下,完成了黄河回归故道不决口的艰巨任务,为保卫解放区数百万人民的生命财产安全做出了重要的贡献。

1949年,黄河全流域解放了,饱经沧桑的黄河回到了人民的手中,黄河从分区治理转向流域的治理与开发,王化云担任流域机构黄河水利委

泥沙问题估计不足,三门峡水库出现严重淤积这样深刻的教训。难能可贵的是,在失误和挫折面前,他没有回避,没有退却,而是认真总结,继续新的探索,不断深化对黄河的认识,这在他晚年的著作《我的治河实践》中,记述得非常详尽。

在倾力于根治黄河水害的同时,王化云从来没有放松过对开发黄河水资源的关注和探索。早在 20 世纪 50 年代,他就提出了兴建黄河下游第一个引黄灌溉工程——人民胜利渠的建议。这一工程在各方面的支持和努力下,于 1952 年建成。当 1952 年 10 月 31 日,毛主席视察该渠渠首闸时,曾亲手摇动启闭机摇把,当看到黄河水通过闸门流入干渠时,毛主席十分高兴地说:"一个县有一个就好了。"如今,在他领导黄委会进行规划设计和沿河各级党政的支持下,现在黄河下游两岸已经建立了 70 多处引黄灌溉工程,为下游两岸 3000 万亩农田和沿河工业以及城乡生活提供了宝贵水源,并且放淤改土将近 400 万亩。

对于黄河流域和华北地区缺水这一现实,王化云是觉悟最早的人士之一。1952 年他向毛主席汇报治黄工作时,就提出了南水北调的设想,得到了毛主席的赞许,以后他又为推动南水北调工作做了大量努力。1958 年至 1961 年,王化云又组织大批勘测设计力量,进行了大规模的西线调水查勘。1982 年他又率队查勘引黄济津、济京线路。1985 年,退居二线已 78 岁的王化云同志,仍亲自率队到黄河上游查勘,研究河源地区开发利用和南水北调等问题。

作为中华人民共和国第一任河官,王化云担任治黄机构最高领导职务,包括退居二线当顾问,前后共 40 年。倾 40 年精力领导组织治理一条闻名中外的大河,这在古今治河史上还是第一人。半个世纪以来,治黄成就之巨,功盖大禹,举世公认。在这驯服黄河、造福人民的英雄群体中,王化云被公认为一位最杰出的代表,堪称"一代治河宗师"。王化云生前曾任全国人民代表大会第一届至第六届代表,并担任过河南省政协主席。

王化云同志秉性谦和,生活简朴,团结务实,顾全大局,时时处处严以律己,宽以待人。不管工作是顺利时,还是在"文革"的逆境中,他对党的信念从不动摇,献身黄河的事业心不变,黄河怀念他,黄河人怀念他。他逝世后,他的骨灰被安葬在郑州北郊黄河之滨的邙山之上,他的业绩将与黄河永存!

感谢馆陶大地孕育了这位"黄河的儿子"——一代治黄英才王化云。王化云的名字将在馆陶历史上熠熠发光!

（原载《中州今古》2001 年第 5 期）

仁　者　寿

——贺徐福龄同志百岁寿辰

徐福龄同志今年一百岁了。他 20 世纪 30 年代从黄河水利专科学校毕业后，于 1935 年参加治黄工作，迄今已 77 年，是我们黄委会仍健在的经历治河时间最长的一位老专家，也是黄委会高龄寿星中身体最硬朗的人之一。许多同志向他讨教长寿秘诀，他说："我总是摇头，真没什么好的经验可谈"，说来说去还是"饮茶、书法、保持良好心态"。我与徐老相处共事 30 多年，我以为，徐老的长寿，除了他通常讲的以上三点以外，更重要的在于"仁者寿"。

孔子的《论语·雍也篇》提出"仁者寿"（原文是：子曰：智者乐水，仁者乐山。智者动，仁者静，智者乐，仁者寿）。所谓"仁"，是古代儒家的一种含义极广的道德范畴。孔子言"仁"，指具有仁德的人，以"爱人"为核心，包括恭、宽、信、敏、惠、智、勇、忠、恕、孝、悌等内容。徐老是一个世纪以来，社会改朝换代、黄河沧桑巨变、治河事业风风雨雨的见证人。他是我们黄委会 20 世纪到 21 世纪转折点上一个象征性人物。曾经和徐老相处过的人，都赞扬他平易近人，和气可亲。他有一种刻苦耐劳、执着坚持的作风。他的人格中有着"玉"一般温润的气质与可贵的品质。中国老一代知识分子的优良品德，在徐老身上得到了充分体现。他以渊博的黄河知识，严谨的工作作风，虚己受人的态度，热心扶持和培养新人的行动，赢得了我们黄河志工作者和黄委会广大职工以及曾与他共过事的人的广泛赞誉和崇敬。几十年来，他"视事业重如山，视名利淡如水"，不追求个人的安逸享乐,而孜孜以求的,是他魂牵梦萦的黄河,是治黄大业和黄河志编志事业的发展。徐老的人格魅力和凝聚力来自他的自尊自重和待人以诚,来自他心存仁善、富有爱心,来自他对治黄事业的忠心耿耿和高尚的人品。作为一个治黄技术人员,研究黄河治洪的专家,老人从来没有停止过思考,他目光高远,视角独特,例如他对于"黄河可以不改道"的思考,对于"沁河杨庄改道"的思考,对于"大功分洪方案"的思考,以及对于黄河下游治理规划的多次建言等,为治黄建设和研究提供了新视角。他既是具有真才实学的治河专家,又在个人品德方面具有高风亮节,这二者在他身上结合得很和谐。许多同志称赞他是良师也是益友,是楷模也是榜样。我们可以学习他朴实无华、不图虚名、踏实严谨、宽厚包容、乐于助人、讲真话、爱国爱党爱黄河,这些听上去老生常谈的品质,实际上是他在一个世纪的风雨中,打磨出来并检验过的人生智慧。总之,我觉得他的心很大,若不是心大,他不可能如此长寿,不可能如此豁达大度、心境超然,精神上还保持着很好的状态,不可能如此安然地对待曲折坎坷的人生。在我眼中,我认为他是一个具有仁爱美德的人,是一个宁静致远、淡泊明志、坦率而透明的人。

徐老几十年来对治河方面的贡献很大。改革开放以来,徐老致力于史志编写,成绩也非常出色。他与王质彬等同志以新观点新材料编写的第一部新编黄河史《黄河水利史述要》(33万字),1982年出版以后,曾获得全国科技图书一等奖。以后他又参加了《中国农业百科全书》的编纂工作,担任该书水利卷防洪篇的副主编,并撰写了防洪堵口等重要章节。之后又参加了《中国水利百科全书》和《中国大百科全书》的编写,先后承担了《中国水利百科全书》防洪篇和《中国大百科全书》水利卷的审稿及撰稿任务。当时他年事已高,又要撰稿,还要北方南方来回奔波参加审稿会,需要克服的困难是可想而知的,这些他都能很好地克服,完成了任务。

1981年黄河修志任务被提上议事日程,黄委会老主任王化云点名让他主持这项工作。1983年成立黄河志总编辑室,他又是首任主任。当时他已经是 70 岁的老人了,到了该办理离休手续的时候了。可是他并没有到站下车的思想。他认为编纂一部从古到今流域性的大型江河志《黄河志》,是一件历史性的、前无古人的工作,是治黄史上的一项盛举,具有重要的科学价值和现实意义。于是他把黄河志看作是他的终身工作,把参加完成《黄河志》编纂作为他晚年的奋斗目标。1985 年他虽然办了离休手续,但又返聘了 7 年,仍在黄河志总编室坐班,以后虽休养在家,但审稿、咨询等任务一直未停。他曾赋诗自勉:"人活七十古来稀,我活百岁不知足。一生愿做孺子牛,奋蹄耕耘永不息。"

在他主持黄河志工作以后,精心参与志书的组织策划,制定修志规划,拟定编纂大纲,审阅志稿,有时还要亲自承担撰稿任务。在大型多卷本《黄河志》编纂工作全面开始之前,当时先试编一本《河南黄河志》。在全国各省修志工作还在摸索中进行时,《河南黄河志》于 1986 年先行刊印问世,受到各界好评。这部志书荣获河南省地方史志成果一等奖。

从 1992 年起,大型志书《黄河志》陆续分卷出版,这与徐老的辛勤工作分不开,尤其是编纂《黄河防洪志》(70 万字),徐老为策划编写和审阅书稿付出了大量心血。该书出版后获得中共中央宣传部首届"五个一工程"优秀图书奖和第六届中国图书奖一等奖,并受到国家防洪和水利部的通令嘉奖。到 1998 年《黄河志》全书十一卷 800 多万字已全部出齐,当时已 85 岁高龄的徐老认为这是完成了一件"服务当代,惠及子孙"的大事,圆了他的"我们这一代人把这部十一卷《黄河志》完成奉献给祖国并流传给后世"的宏愿。

《黄河志》不仅是一部全面总结古今治黄经验、探索黄河规律的志书,一部弘扬黄河文化丰富内涵的力作,还是一部历史教育、国情教育和爱国主义教育的好教材。黄委会老主任王化云生前赞誉《黄河志》是黄委会的官方文件,是黄委会的一张名片。

对于培养和提携年轻人,徐老是诚心诚意竭尽全力去做。黄河志总编室的几位年轻人都忘不了他的具体帮助和支持。对年轻人撰写的志稿,他看得很认真,细致耐心地提出修改补充意见。他看到一些水利史专业的研究生对黄河课题有浓厚的兴趣,感到后继有人而十分高兴,多次应邀赴北京、武汉参加主持水利史研究生论文答辩。有一次武汉水利水电学院(现武汉大学)邀请他,正值酷暑时节,同志们劝他说,武汉是个著名的火盆,你年事又高,可否婉言谢绝? 他说,有人热情研究黄河,出了成果,又来邀请,岂能不去! 于是他冒着炎炎溽暑,赶到武汉参会。徐老对有志青年人的培育倾注了热情,凡有文章、成果求他指点,或有问题登门求教的,他都一一热情接待,给予指导帮助。

根据徐老的先进业绩,多年来他获得过党和国家从中央、省到黄委会的多次奖励,如优秀党员、先进工作者等。1988 年他分别荣获河南省和黄委会颁发的"老有所为"精英奖,1999 年被中共中央组织部授予全国"老有所为"先进个人称号。

我国著名思想家孔子一生,十分注意仁德。他除提出"仁者寿"外,还提出"仁者不忧""大德必寿"等。他认为有德之人,注意德行的修养,自我人格的完善,心地坦荡,以仁待人,精神爽朗,邪气难侵,这正是长寿的必要条件。在祝贺徐老百岁寿辰之际,我们要学习徐老生命不息、奋斗不止的敬业精神。我们在羡慕徐老乐观开朗、健康长寿的身体时,更要学习徐老的为人处世和仁爱精神,学习徐老在人生长河中坚持不懈的人格修养。我衷心祝福徐老继续延年益寿,永葆康健!

(原载《黄河史志资料》2012 年第 3 期)

魂牵梦绕黄河

——访治河专家徐福龄

他是迄今黄委会经历治河时间最长的一位老专家。他从治河实践中来，对黄河下游情况最熟悉，过去有些中央领导同志和国外专家视察黄河，常由他陪同、咨询，他被誉为黄河下游的"活字典"。他的人生历程经历过大起大落，而他没有在严重挫折面前倒下。他在离休之后不停步，"奋蹄耕耘永不息"，是多次荣获河南省、黄委会"老有所为精英奖"的模范人物，并在八十高龄又成为获国务院授予政府特殊津贴的专家。他虽已经入耄耋之年，但仍精神矍铄，思路清晰，嗓音洪亮，反应明快。他是黄委会同龄老专家当中身体最健朗的一位。

去年5月，当他已届80周岁高龄之际，黄河志总编室在郑州举行"徐福龄同志从事治黄58年暨80华诞座谈会"，他的治河专著《河防笔谈》同时首发，黄委会新老主任、新老员工，许多单位的新老局长、院长都出席座谈会。还有曾经与他共事的老战友，专程从北京、南京、武汉、济南等地赶来参加座谈会，有的送来珍贵纪念品，有的即席赋诗，畅表心曲。会议开得隆重热烈，成为黄委会一大盛事。

这位老人为何如此富有"凝聚力"？他的治黄业绩和高尚品德中的闪光点是什么？他的精神支柱从何而来？他有永葆青春、延缓衰老的秘诀吗？这一切不由引起我采访这位富有传奇经历的老人的冲动。于是我带着笔记本，敲响了治河专家徐福龄宿舍的门。

一、他的一生离不开黄河

徐老的书房简朴而明亮,洁白的墙壁上,挂着他自己书写的条幅: "生命有限,事业无穷。"这是他所信奉的人生格言。见到他,我感到他是 那么朴实自然、平易近人,那双眼睛充满热情和豪爽的普通公民的个性。 他在知道我的来意后,谦逊地说:"我本来不愿多谈自己,但我是从旧社 会过来的人,新旧社会的对比,黄河在新旧社会的历史性变化,我有切身 的体会。我的经历具有鲜明的时代烙印,谈一些情况也许对人们,特别是 对年轻人有一些借鉴意义。"接着,徐老沉入娓娓道来的回忆之中:

"也注定我与黄河有缘分。我 13 岁那年,在济南上小学时,因为把 黄河的位置画错,被地理老师打了一耳光,从此'黄河'二字深深地印在 我的脑子里。1930 年我考入位于开封的河南省立水利专科学校念书,第 一次登铁塔,就是为了瞭望黄河,我是多么想看到黄河啊! 1934 年,河南 封丘黄河贯台堵口合龙后,学校组织我们到工地参观,调查堵口情况,这 是我接触黄河的开始。我毕业时,在老师的指导下,写了《关于黄河的防 洪与堵口》的毕业论文。当时我可没有想到,我将毕生与黄河防洪打交 道。命运的安排真奇妙,毕业后我又被分配到黄委会黄河河务局,成为一 个地道的治河员工,这一下,奠定了我迄今长达半个多世纪的治黄生 涯。"

我洗耳倾听徐老的回忆,不时地观察他谈话中洋溢的安详的神态,看 得出这是一位具有清醒观察力的人物。根据他回忆提供的材料,在我面 前仿佛再现了当年辛酸的治河史。旧社会他在黄河下游基层单位风里来 雨里去地苦干多年,目睹了治河机构的腐败及黄河决口泛滥给人民带来 的苦难。他从一个实习生到工程员、副工程师,以后又接连被提拔为修防 段长、总段长。辛苦与勤劳使他积累了丰富的抢险技术经验,主持了三次 堵口工程。

在抗日战争时期,黄河在郑州花园口决口南泛后,连年泛滥不止,黄 泛区河道东岸为日寇盘踞,西岸由国民党军队防守,兵戈对峙。在战争与河水泛滥交错的险恶境况下,徐福龄与治河员工坚持修堤防御洪水泛滥达七年之久。

谈起新中国成立前后的经历,徐老显得特别兴奋,他说:"1948 年 10 月,河南省会开封解放了,国民党政府的治黄领导机构黄河工程总局及河南修防处的员工纷纷南逃。当时我任河南修防处南一总段段长,在历史的转折关头,我选择了正确的道路,从黄河畔步行百里到开封和解放军联系,参加共产党领导的革命治黄队伍,受到解放区治黄领导部门的欢迎。后来又见到王化云主任,他勉励我今后在治黄事业上多做贡献。

"1948 年 12 月下旬,我到河北省平山县西柏坡,参加华北水利委员会召开的研究统一治黄机构的会议。在那里前后共住了 50 天,受到解放区首长的亲切接见,并第一次在解放区过年,所见所闻,深深感到解放区干部认真求实,一切为了人民,平易近人。共产党与群众之间的鱼水关系,使我下定了跟共产党走的决心。

"新中国成立后我第一次接受的任务是帮助黄河第五修防处,堵了沁河大樊口门,受到组织上的表彰。1949 年秋汛一次洪水,花园口洪峰流量是 12300 立方米每秒,是新中国成立后遇到的第一次洪水。因刚刚接手的黄河下游堤防千疮百孔,防洪任务严重,组织上派我跟踪洪峰,帮助下游修防部门抢险堵漏,达 40 余天。在党政军民共同努力下,保证了堤防安全。这是我第一次在解放区看到在共产党领导下人民防汛战胜洪水的伟大力量。在此期间,还调查了东平湖进水被淹和北金堤以南范县民埝决口漫水情况,对削减艾山以下洪峰的作用,提出调查报告,为 1950 年确定北金堤及东平湖作为下游滞洪区,提供了依据。为了处理 30000 立方米/秒以上洪水,领导上指示由我组成调查组,经过实地勘测,选定了封丘大功分洪方案,并组织进行分洪堰和裹头工程设计。后经中央批准,1956 年完成施工任务。"

听了徐老一席话,使我逐渐消释了疑团,他长年累月跋涉在大河上下,对黄河是那么投入,难怪他对黄河下游的情况是那么熟悉,对来视察黄河的领导同志谈起来如数家珍,对提出的问题对答如流。他笑着说:"新中国成立前条件很差,往往骑一辆旧自行车四处奔走,有时还需要带上自己的行李卷,就像带着自己的家。后来条件好一点,段上有了两匹马,下雨天就骑马。马很烈,有时因汛期险情紧急,骑得太快,常常会出事故。"说着,他卷起裤管,孩子似的指着自己脚踝处的一块伤痕说:"这就是给马踢的,骨头差点被踢断。"

在新的治黄时期,徐福龄一直从事黄河下游防洪的业务技术工作,长期担任河务部门的主任工程师、高级工程师。从他介绍的治河业绩中,我由衷地感到他确实是一个从黄河上走出来的理论联系实际、脚踏实地干出来的资深治河专家。

早在 20 世纪 50 年代初期,徐福龄从古人的治河经验和山东河段修一些护滩工作的实践中受到启示,认为护滩固漕,有利于河防,乃建议推广。他身体力行,亲自带领技术人员,会同有关部门进行查勘,选择了山东试点河段,并多次调查研究,发表文章,总结经验,积极倡导。经过 30 多年的实施,黄河下游已普遍修建河道工程,一部分河段得到了初步控制,效果甚为显著。现在这一治河措施已成为防洪工程体系的重要组成部分。

徐福龄 1976 年参加河南黄河河务局规划工作,协助制定河南河段的防洪规定。关于对黄河下游防洪关系重大的沁河防洪,主要是解决"黄沁并溢"的问题。为了解决这一问题,他根据多年实践经验,结合调查研究,提出"杨庄局部改道"方案,河南河务局及上级领导部门采纳了这一方案,进行设计,于 1981 年 3 月动工兴建。在主体工程刚建成时,沁河下游便出现 80 多年来最大一次洪水,沁河小董站洪峰流量 4130 立方米每秒,洪水由新河道顺利通过,避免了五车口一次分洪,说明杨庄改道,发挥了应有的工程效益。

对黄河下游的治理方略,历来为许多专家学者所关注,各家意见颇多。其中一个重要方面是,认为现行河道已进入衰老期,不能满足防洪安全,需要进行人工改道,另辟途径。作为主持防洪业务技术工作的徐福龄,深感此种意见涉及治河的方向和治黄决策,关系重大。为此,多年来他以较多的精力进行研究。为取得有说服力的资料,他深入 700 多公里长的明清黄河故道进行实地考察,用故道的冲淤、现状等具体的资料,与现行河道对比,提出独特的见解。认为现行河道如达到铜瓦厢改道前夕的情况,至少需要 60 年;从治黄的综合性措施效果看,现行河道已向好的方面转化,维持的时间将会更长。他以实事求是的科学态度,有数据有分析地指出:人工改道无必要,也不现实。他的研究成果,对统一认识,做好下游防洪工作有一定的作用。

黄河防洪是关系国家大局的事情,处处要小心谨慎。徐福龄几十年来养成了一种习惯,用他自己的话说,就是有一种"职业病",一遇刮风下雨,就坐卧不安,随时要向防汛部门询问水情。现在虽已 80 多岁高龄,他仍被聘为黄河防汛办公室顾问。汛期有了洪水,每天都要向黄河防汛办公室同志问情况,研究分析黄河的河势水情。

徐老深情地说:"这 40 多年来,在党的领导下,我参加了下游防洪等项工作,亲眼看到战胜了各级类型的洪水,取得了岁岁安澜,这是历史上治河的奇迹,是人民治河的伟大胜利,这与旧社会治河三年两决口,是一个鲜明的对比。"

徐老思索了一会儿,又说:"一个人的生命只有一次,在搞了一辈子黄河防洪之后,我深感还要提醒和奉劝我的治黄同行们:我们不能麻痹大意,还要居安思危,从现在来看,我认为世界上还没有一个国家已把防洪问题彻底解决了,遇到特大洪水,只能说是尽最大努力采取各种防洪措施来减少洪水灾害。尤其黄河是一条闻名于世的多沙河流,与其他清水河流不同,治黄既要治水,又要治沙,洪水与泥沙不能有效解决,黄河就不能根治。将来即使有了小浪底枢纽工程,也不能认为是下游防洪问题完全解决了,还要在汛期加强防守。因此,黄河下游防洪工作是个长期而艰巨的任务,必须树立长期同洪水斗争的观点,才能确保安全。"

二、事业重如山,名利淡如水

曾经和徐老相处过的人,都赞扬他平易近人,和气可亲,他有一种刻苦耐劳、执着坚持的作风。中国老一代知识分子优良的品德,在徐福龄身上得到了充分的体现。他以渊博的黄河知识,严谨的工作作风,谦以待人的态度,热心扶持和培养新人的行动,赢得了黄委会广大职工的广泛赞誉和崇敬。几十年来,他视事业重如山,视名利淡如水,不追求个人的安逸享乐,而孜孜以求的是治黄和编志事业的发展和他久已憧憬的崇高的政治归宿。1985 年 10 月,在他办理离休不久后,便光荣地加入中国共产党,迄今虽已年过八旬,但每周的党组织生活会,他仍坚持参加。

"你在工作和生活中遇到过挫折吗? 你对困难和挫折怎么看?"我从另一个角度提出了问题。我同时又感兴趣地问:"在你的事业成就背后,是否也得到家庭的帮助,她是你事业的坚定支持者吗?"说着,只见徐老将正从书房门口走过的老伴招呼过来,与我相识。这是一位个子矮矮的,戴着眼镜,朴实而又显得敦厚的老年妇女。徐老说:"我的老伴一直支持我的工作,我的工作成绩有她的一半。这几年她看我虽然离休在家,也忙得不停,有时也婉言劝阻让我歇歇,我就对她说:你一生勤俭持家,至今还是勤劳不息,因为你养成了良好的劳动习惯,不劳动不好受。我搞一辈子脑力劳动,如果离休后终日不用脑子,也是不习惯的。我还鼓励老伴:你姓牛,是家里的'牛',做好家务劳动;我生于丑年属牛,是国家的'牛',咱们都要做一辈子'孺子牛'。"说着,大家都呵呵地笑了起来。

"我也有碰到困难与受到挫折的时候。"徐老接着说,"在 1957 年反右斗争中和'文化大革命'初期,我都受到冲击,经历了一段坎坷的道路,但这些并没有动摇我对党对社会主义的信念,我对受到的错误处理和不公正待遇,从不耿耿于怀,还是以党的事业和治黄工作为重,兢兢业业,始终如一,搞好自己的岗位工作。1958 年就在我'靠边站'的那段时期,我参加了《黄河埽工》一书的编写。'埽工'是黄河防洪中一种独特的御水建筑物,具有悠久的历史。编写这本书的目的是为了总结祖先创造埽工抢险堵口的丰富经验,古为今用。该书于 1964 年正式出版发行。"

从徐老的谈话以及黄河志总编室给我提供的近年徐老的事迹材料,使我感到,他对治黄和修志事业"生死以之"的执着,他在工作中表现出的惊人的坚毅,不能不使人感叹。

近年,他曾担任《中国农业百科全书·水利卷》防洪篇的副主任,并撰写了防洪堵口部分,还参加了《中国水利百科全书·防洪篇》及《中国大百科全书·水利卷》防洪篇的审稿及撰稿工作。有时因外出参加审稿会,还需要来往奔波,这对他这样高龄的人来说,需要克服的困难是可想而知的。

徐福龄由于对黄河情况熟悉,因而黄委会机关一些部门以及外单位慕名而来求教的人很多。如《黄河流域地图集》编写组来请他撰写黄河下游河道变迁部分的文字说明;黄河水利技工学校的同志来请他审定教材;修防部门来请他帮助编写《黄河抢险技术资料》及防汛抢险挂图;人劳部门培训部队专业干部,也请他去讲课;更多的同志为寻求治黄知识答案频繁地找他。他对这些繁杂的工作,皆有求必应,看作自己分内的事,不讲条件,不计报酬,一丝不苟地去办。

对于培养和提携青年人,他更是竭尽全力去做。对年轻人撰写的志稿,他看得很认真,细致耐心地提出修改补充意见。他看到一些水利史专业的研究生对黄河课题有浓厚的兴趣,感到后继有人而十分高兴,多次应邀赴北京、武汉参加主持研究生答辩。有一年武汉水电学院请他,正值酷暑时节,同志们劝他说,武汉是个著名火盆,你年事又高,可否婉言谢绝?他说,有人热情研究黄河,出了成果,又来邀请,岂能不去!徐福龄对有志青年人的培育倾注了热情,凡有习作求他指点,或有问题登门求教的,他都是一一热情接待,给予指导帮助。

当徐老向我谈起他那一往情深的修志工作时,他更显得神采奕奕、情绪激动。

他说:"盛世修志,是我国民族文化的优良传统,中共十一届三中全会以来,全国各地的修志工作蓬勃开展。1982 年黄委会即开始进行修志,1983 年正式成立黄河志总编室,我那时已 70 岁,从工务处调到黄河志总编室工作。开始集中搞《河南黄河志》,当时没有经验,我带领大家边学习,边实践。就在《河南黄河志》编写任务完成的同时,我该办理离休手续了,这时我并没有到站下车的思想,我认为编纂一部从古到今流域性的《黄河志》,这是一件历史性的、前无古人的工作,是治黄史上的一项盛举,具有重要的科学价值和现实意义。于是我把黄河志看作是自己的终身工作,把参与完成《黄河志》编纂作为自己的奋斗目标。曾赋诗自勉:'人活七十古来稀,我活百岁不知足。一生愿做孺子牛,奋蹄耕耘永不息。'经过大家的共同努力,到 1992 年出版了《黄河大事记》《黄河防洪志》《黄河规划志》《河南省志·黄河志》等书。我在这 10 年中,共审核黄委会内外(省、县志)志稿 21 部约计 800 万字,并撰写了部分志稿。《黄河志》共有十一卷,尚有六卷未出版,仍是一项艰巨的任务。我们这一代人能把这部十一卷《黄河志》完成,留给后世,是完成了一件'服务当代,惠及子孙'的大事。我虽然离开了工作岗位,今后一定还要尽自己的微薄之力,积极参与,把这件大事办好。"

听了徐老的谈话,结合我了解到的人们对他的广泛评价,使我逐步领悟到徐老的"魅力"(或称为凝聚力)的由来:人们敬仰他,就在于他对治黄事业的忠心耿耿和高尚的人品,真才实学的治河专家和个人品德的高风亮节,这二者在他身上结合得如此和谐。"视事业重如山,视名利淡如水"构成了他的人格修养。人格就是做人的资格和为人的品格的总和。人格是一个人的无价之宝,是任何代价都不能换取的。徐老把优化人格作为人的根本,因而处处表露了他的自尊自重,而"自尊自重"正是人格形成的内助力。

三、心底无私天地宽

身体健康是为人民服务的本钱,也是个人与集体的宝贵资源。徐老的健康在黄委会是有名的。我好奇地问:"您也有什么养生之道吧?"

他笑着说:"同志们常常赞扬我的身体好,问我有什么养生之道,其实,照我说,道理也很简单,客观上我有一个有利于身心保健的环境,我的家庭成员都能和睦相处,我一生夫妻恩爱,相濡以沫,在充满爱意的环境里,我始终感到温暖快乐。

"另一方面,我虽然过了古稀之年,但对工作和生活仍怀有极大的兴趣,特别是对使我魂牵梦绕的黄河,它在我的心目中,具有大度有容、自强不息的高尚品格,我与黄河已经难舍难分。还有我晚年所从事的黄河志事业,也是我难以舍弃的工作。我虽然处于离休生活,我也不会完全'松弛'下来,还是积极参加一些防汛顾问、黄河志编写以及适当的社会活动,我还是坚持学习党内外文件和阅读有关信息刊物。我认为人忙一点会活跃体力和智力,生活往往显得充实、多姿。体脑经常活动,才能保持智能不衰,也有利于身心健康。长期不动脑子,将导致个性和身心的衰退。我曾经看到一篇文章里讲过:长寿者往往是那些自制力强,对周围事物有强烈兴趣的人。

"另外一个很重要的方面,我不自寻烦恼。我认为对什么事情都要看得开,放得下,人生没有什么不能解决的问题,一切个人名利,个人私怨,都用不着记挂在心,我奉行'心底无私天地宽'的信条,生活上知足常乐,甘于淡泊,就会心胸开阔,处事泰然。有的人在患得患失中往往情绪抑郁、愁闷,常常弄得心力交瘁,实不可取。什么事情若能看得开些,烦恼就可大大减少,心不烦则神清,神清则气扬,健身、健心就有希望了。也是从一个刊物上,我看到过有这么几句话:'现代医学实践告诉我们,很多疾病源于社会环境的干扰和心理的失衡,源于心胸狭窄或过高期望所带来的过度失意和悲伤,对此,绝不可以疏忽'。"

时已黄昏,与徐老谈话的时间已经不短了,我起身告辞。这时夕阳从窗外射进来,我又看了一眼墙上那"人生有限,事业无穷"的条幅,我又想起他向我谈起在纪念80岁生日那天,他即兴赋诗一首:"人活八十不稀奇,今向百岁去努力。期待港澳回祖国,共庆中华大统一。"他客气地把我送到门外,我说:"徐老,衷心祝您健康长寿!"他表示感谢我的好意。这时,我仿佛仍沉浸在与这位老人的情感交融之中。他的达观、活力与谦让、随和是多么令人向往,他虽然老了,但仍在夕阳明照下生机勃勃,而不知"老之将至"。

黄河,这个使他魂牵梦绕的黄河,他的一生时光已经拉长成为一条河流的历史。

滚滚黄河不了情

——悼念徐福龄同志

2015 年 3 月 3 日,我们敬爱的徐福龄同志走了。他病重多次转院治疗的情况,家人事先没有对外告知,因此,他辞世的消息甫一传来,使我感到震惊和意外。想起与他共事几十年的峥嵘岁月,他的音容笑貌始终挥之不去,将永远留在我的记忆里。

关于徐老的工作业绩、治黄事业和对《黄河志》编纂的贡献,在庆贺他百岁寿辰时,大家都写了不少文章。今天悼念徐老,我想说的更多的是如何进一步继承他深厚的精神遗产,努力做一个像徐老那样具有高尚品德、具有完美精神世界的人。

徐老说过,他和黄河有缘分。早在 13 岁那年上小学时,因为做作业把黄河的位置画错,被地理老师责备,从此"黄河"二字便铭记在心;中学毕业后,他考入开封河南省立水利专科学校,第一次登开封铁塔,就是为了看黄河;从学校毕业时,写的论文是《关于黄河的防洪与堵口》;毕业后,又被分配到黄委会河南河务局,成为一名治河工作者,从此奠定了他奋斗终身的治黄生涯。

徐老从 1935 年参加治黄工作,在黄河上风风雨雨地干了几十年,对黄河产生了很深的感情。他热爱黄河,热爱治黄事业,在下游河防治理上积累了丰富的经验,对黄河下游存在的症结和如何治理,有真知灼见。徐老从来没有停止过思考关于治河的问题,他是老一代治河工作者的象征性人物。

徐老热爱修志事业,他认为编纂一部从古到今流域性的《黄河志》,是一件前无古人的工作,是治黄史上的一项盛举,具有历史意义和现实意义。徐老把它看作是自己的终身事业。虽然黄河志总编室成立时他已经70岁,不久又办了离休手续,但他并没有"到站下车"的思想,继续一往情深地深入修志工作中去。他常说,黄河志编辑部是一个锻炼人、培养人的"宝地",要珍惜自己能参加修志的机会,不要怕坐"冷板凳"。那种认为"修志是冷门,工作没干头,政治上无奔头,经济上无甜头"的认识是完全错误的。要有参加修志,为黄河"树碑立传"的光荣感和足够的信心。我们参与编辑《黄河志》的工作者,都认真铭记徐老的这些教导,学习、继承他"事业重如山,名利淡如水"的精神。

徐老说:"人生在世,道路曲折,一定会遇到许多喜怒哀乐,但是,不管遇到什么事情,都应该保持一种平淡宁静、乐观豁达、凝神自娱的心境,这就是人们常说的'养心'。'养心'是内心的一种自我调整和升华,存在于人生的每时每刻、一举一动当中。"徐老的一生,曾历经坎坷,但徐老都能正确对待。参加人民治黄后,徐老的专长得以发挥,在事业上有建树,在政治上有追求,徐老1985年10月光荣地加入了中国共产党,始终以一个共产党员的标准严格要求自己,为治黄事业奋斗不止。1999年,他又被中共中央组织部授予"老有所为"先进个人光荣称号。

徐老以渊博的黄河知识、严谨的工作作风、虚己受人的态度、热心扶持培养新人的行动赢得了黄委会广大职工的广泛赞誉和崇敬,他以自己的高尚品德和高风亮节为人们所景仰。

不懈奋斗和高尚人品,这二者在徐老身上完美结合。徐老常说:"我奉行'心底无私天地宽'的信条,生活上"知足常乐'就会心胸开阔、处世泰然,减少一些不必要的烦恼。我虽然过了古稀之年,但对生活和工作仍怀有极大的兴趣。我人虽办了'离休'但心却从不'离休',我认为人忙一点,会活跃体力和智力。体脑经常活动,能保持智能不衰,身体健康。"对于治黄事业,徐老念念不忘,从未放下。对于日常生活,徐老淡然处世,乐观开朗。

　　徐老八十寿辰之时，曾赋诗一首："人活七十古来稀，我活百岁不知足。一生愿做孺子牛，奋蹄耕耘永不息。"他常说："现代医学实践告诉我们，很多疾病源于社会环境的干扰和心理的失衡，源于心胸狭窄或过高期望所带来的过度失意和悲伤，对此我们绝不可以疏忽。我的家庭成员都能和睦相处，一生夫妻恩爱，在充满爱意的环境里，我始终感到温暖快乐。"朴实无华、不图虚名、踏实严谨、勤恳工作、严于律己、乐于助人，这是徐老在一个世纪的风雨中打磨出来且经过检验的人生智慧。

　　徐老永远地离开了我们。虽然他是长寿老人，但面对他的突然去世，我依然感到生命的短暂和岁月的无情。从徐老身上我感受到，人生的价值在于正确对待自己，对待社会，并善待他人，要以只争朝夕的态度奉献社会，奉献他人，给国家创造价值，这才是最好的善待生命的方式。

　　滚滚黄河不了情。黄河，这条使徐老魂牵梦绕的河，他一生的时光，仿佛已经拉长成为一条河流的近代史！

　　　　　　　　　　　　　　　（原载 2015 年 3 月 28 日《黄河报》）

三十三年的冤案是怎么平反的？

——《黄河志》编纂帮助解决现实问题一例

1985 年 3 月 16 日，河南省高级人民法院刑事三庭就苏冠军重审案进行开庭宣判。苏冠军本人已于 21 年前去世，到庭的是苏冠军的儿女们，有儿子苏景尧、儿媳巩秀兰，女儿苏瑞英、苏菊英等。审判员张贵堂庄严地向他们宣读河南省高级人民法院（85）豫法刑再字第 9 号《刑事判决书》：原审被告人苏冠军，男，终年 61 岁，河南省温县人，原系黄河水利委员会工程师。平原省人民法院 1952 年 5 月 10 日刑字第 301 号判决，以决口放水罪判处苏冠军有期徒刑 10 年。其子女苏瑞英、苏景尧不服原判，提出申诉。本院按照监督程序，依法组成合议庭，对本案进行重审。现经复查核实，原判认定苏冠军 1938 年 5 月任黄河水利委员会河南一总段段长时，积极布置，绘制地图，并亲自指挥工兵在花园口安装炸药进行决口放水，事实失实……故判决如下：一、撤销平原省人民法院 1952 年 5 月 10 日刑字第 301 号判决。二、宣告苏冠军无罪。

当判决书宣读完毕后，在场的苏冠军子女们都失声痛哭起来。三十三年的冤案平反了，如果苏冠军地下有知也可以得到安慰而瞑目了。长期压在头上的反革命家属的帽子被摘掉了。沉重的精神枷锁解除了。苏冠军的三女儿苏瑞英含着热泪在法庭上激动地说："我们衷心感谢党的实事求是的方针，使我父亲的冤案得以平反昭雪。感谢法院认真贯彻了重事实、重证据的办案原则和迅速果断的办案作风。我们还要感谢《黄河志》的全体编写人员，搜集了大量第一手资料，对黄河这次重大事件还原了它的历史真面目。不是黄河志的历史资料真实可靠，我父亲的冤案也不会这么快得到平反。"

那么，苏冠军的冤案平反过程究竟是怎样呢？这得从头说起。

一个兢兢业业的好工程师

苏冠军，生于1903年，1927年毕业于山西大学土木工程系，获工学学士学位。毕业后曾在国民党政府河南省建设厅任副工程师，天津市工务局技佐、测绘主任，河南省公路局技正等。1930年10月起到黄河上做技术工作，曾任工程科科长、河务分局长、总段长、修防处主任等职。新中国成立后，曾担任平原省黄河河务局工务处工程师、黄委会工务处河道科工程师等职。接触过他的人都普遍反映他为人正直，作风正派，工作勤勤恳恳，生活朴素。他主持的河防工程，从勘查设计到施工验收，往往都是亲自动手，河道上有了什么问题，他就深入基层，进行实地调查，和大家一起研究解决。他风里来，雨里去，在黄河边度过了漫长的岁月。

但是，不幸的事发生了。1952年，他正在工作期间，忽然被人指控为1938年黄河花园口决堤放水的凶手，并被加上其他罪名而锒铛入狱。旋被平原省人民法院判处有期徒刑10年，送往新乡某劳改窑场劳动改造。一个兢兢业业踏实工作的好工程师，转眼成了一个"致洪水滔天，豫、皖、苏三省被害地区达二十余县，受害群众达六百余万。人民损失无法计算"（原《判决书》）犯下滔天大罪的罪犯。

冤案带来的不幸

苏冠军被判刑后，家庭被抄，房产被没收。顿时五个子女及妻子、岳母的生活陷入困境。

为了发挥他的一技之长,在苏冠军服刑一年后,经黄委会出面将他保释出来,实行监外执行,在机关进行管制,仍分配他在工务处河道科做技术工作。由于他的罪犯身份未变,生活上的困窘,政治上的压抑,家属和子女遭受株连,使他思想上依然十分沉重。

在服刑期间,他虽然默默地忍受着痛苦,却仍念念不忘治河事业。1955年参加整理编写了《黄河抢险技术手册》(初稿),1958年至1959年,又主编了《黄河埽工》一书(全书192千字,由中国工业出版社出版),他为写这本书费尽了心血,而由于他当时的身份,出版时书上竟没有印他的名字。

据苏冠军的子女回忆,即使在服刑期间,他从没有对共产党有过一句怨言,终日默默地工作,或沉浸在看书学习之中。苏冠军在刑满两年以后,因长期思想抑郁,积劳成疾,身心受到影响,患肾炎长期治疗无效,于1964年7月病故。

不久,"文化大革命"的风暴来了。在极"左"思潮的影响下,在那人妖颠倒的年代,苏冠军的问题又被提了出来。黄委会领导对他的保释使用,被说成"包庇重用反革命",他病故后召开过一次小型追悼会,机关送了花圈,也被认为大逆不道。他的家属被勒令扫地出门,不得已全家搬到三女儿瑞英所在的郑州印染厂一间8.8平方米的小屋里。据苏瑞英回忆,当时家具已被迫全部变卖,特别是他父亲那一箱子书,他生前视如珍宝,孩子们谁也不能动,那时也不得已以九分钱一斤当废纸卖掉。在一再遭受株连不得已的情况下,他们兄妹六人中有三人被迫改了姓名,随母亲姓王(苏景尧改名为王斌、苏菊英改名为王方、苏棻英改名为王红)。在这改名换姓中蕴含了他们兄妹的多少辛酸泪!

《黄河志》编纂促进了冤案的平反

党的十一届三中全会的春风吹遍全国，中央平反冤假错案的方针和落实知识分子政策的一系列措施使多少人洗去了身上的沉冤，使多少个家庭重新得到了活力和欢乐。可是，直到去年，苏冠军的案件依然纹丝未动。这是新中国成立初期的案件，已时隔三十多年，还能翻案吗？熟悉他的同志包括他的家属子女在内，谁也没有敢想。

"盛世修志"的热潮在全国掀起了。根据水利电力部召开的"全国江河水利志会议"精神，以及河南省地方志编委会的有关决定，《黄河志》的编纂被提上议事日程。黄委会成立了黄河志编纂委员会和总编辑室，开始搜集整理大量黄河历史资料，出刊了《黄河史志资料》刊物。就在《黄河史志资料》第二期上，集中刊登了一组有关1938年花园口扒口的历史资料，其中有：当时国民党第一战区长官司令部参谋长晏勋甫的《记豫东战役及黄河决堤》，当时执行蒋介石命令扒开花园口大堤的国民党新编第八师副师长朱振民写的《爆破黄河铁桥及花园口决堤执行记》，当时国民党第七十一军军长宋希濂写的《花园口决堤的回忆》，当时国民党政府黄河水利委员会河南修防处主任陈慰儒写的《黄河花园口掘堤经过》，还有苏冠军的遗稿《1938年黄河花园口扒口情况介绍》及《一九三八年报刊报道黄河花园口决口消息摘抄》等。花园口决堤放水事件的真相集中而全面地被披露出来。

苏冠军的女儿苏瑞英最近对我们说："我们去年11月找了原黄委会王化云主任，王主任热情地接待了我们，他对我父亲的平反问题表示关心和支持。这以后我们找了我父亲的老同事、因病在家休养的朱守谦工程师，他告诉我们黄河志总编室编印有《黄河史志资料》，你父亲死前曾写了花园口扒口情况介绍，你们可以找来看看。于是我们找到黄河志总编室徐福龄工程师,他向我们介绍了情况并给了我们《黄河史志资料》第二期。我们回去一看,刊物里对花园口扒口这个重大事件的前前后后情况说得清清楚楚,蒋介石下的命令,国民党部队执行的,我父亲却被判刑受罪,真是太冤枉。于是下决心为亡父申诉,要求平反昭雪。后来,我们又到黄委会政治部,组织处审干科的同志接待了我们,他们对我们的家庭困难表示关怀,对我们的申诉活动表示支持。于是我们复印了《黄河史志资料》第二期有关花园口扒口的历史资料,写了申诉状,一同呈送到河南省高级人民法院,申请平反昭雪。"

据河南省高级人民法院刑事三庭审判员张贵堂同志说:"我们是1985年2月7日接到苏冠军子女的申诉的。当时看了申诉和所附的《黄河史志资料》影印件,顿时引起我们的注意。我们觉得这些历史资料对花园口扒口放水这个重大事件反映得很详尽、很具体,大多是当事人的第一手材料。对照原判决使我们很快就看出来这个案子当时定得有问题。于是当天下午就确定立案审查。接着我们到黄河志总编室找到徐福龄工程师了解了情况,并要来了《黄河史志资料》第二期原件,经核查申诉人提供的复印件和原件完全一致。于是我院很快组成了合议庭,开展了调查、重审工作。我们找来了原判决的有关材料,进行了细致的分析,并到政协等单位作了调查访问,同时找黄委会原主任王化云同志谈话。王主任在政协开会的百忙中抽空接待了我们。他详细地介绍了花园口扒口、堵口的历史背景及苏冠军当时的地位和他的为人、工作表现,并说'我个人意见应撤销判决,恢复名誉'。这以后黄委会党组也正式报送了意见,认为王化云同志讲的情况符合实际,提请法院重新审理。这样,我们就可以下决心判决了。经法院院长批准,3月13日我们就制定好了判决书,3月16日就开庭宣判。从接受申诉到开庭宣判总共一个来月,中间去掉春节休假,实际不到一个月时间,历史案件结案如此快速、顺利,在我们法院也是不多见的。这和黄委会党组的积极支持配合,以及所提供详尽具体的黄河志历史资料都是有很大关系的。"

把党的关怀化为投身"四化"建设的动力

苏冠军冤案的平反给他的家庭、子女重新带来了无比的欣慰和欢乐。河南省高级人民法院为了使苏冠军的子女们在这个问题上今后永远不再受到不公正的待遇，特将判决书原件发给苏冠军的子女每人一份。要求让各自单位的领导看后装入每人档案。黄委会对所属单位印发了《关于撤消苏冠军同志原所受刑事处分的通知》，为苏冠军恢复了名誉，并对苏冠军遗属的生活作了周到的安排，一次发给抚恤费及家属困难补助费一千多元，每月给苏冠军的老伴王慧贞发生活费，并解决三居室的住房一套。目前他的家属已愉快地搬入新居。

苏冠军的三女儿苏瑞英、小女儿苏菜英激动地对黄河志总编辑室的同志说："我父亲三十三年的冤案平反了，充分体现了中国共产党的英明伟大、光荣正确。我父亲虽然已经去世，我们活着的家属子女们一定要把党的关怀化为投身祖国'四化'建设的动力，在各自的岗位上加倍努力工作，以实际行动报答党和政府对我们的亲切关怀。""黄河志总编辑室的同志做了大量的工作，你们的工作是很有意义的，以前我们年龄都很小，不了解情况，不是《黄河志》，我们到哪里去找这么多详尽的材料，我父亲的平反还不知拖到何年何月！现在《黄河志》编纂工作刚开始，成绩就很大，将来全书编出来，对国家对人民将会发挥很大作用，我们要求等《黄河志》编出来，一定给我们一部。让我们全家好好学习，并做个永久的纪念！"

（原载《黄河史志资料》1986 年第 1 期）

后　记

我 1954 年参加治黄工作，当时还是一个刚满 20 岁的小青年。在黄河上工作 40 多年，足迹遍布大河之上。1995 年退休，退休后又被黄河志总编室返聘了几年。我有幸在职业生涯的最后十几年参加了黄河志工作。它是我一生中的亮点，也给我一生留下了难忘的记忆。退休后有的同志劝我写点回忆录或者将黄河志工作期间写的东西汇总一下，而我虽也有这个想法，但一直没有动笔。直到近几年，身心日益衰弱，今年我已是 87 岁的耄耋老人，感到时不我待，遂动手将往日已发表的一些文章及近期应邀为《黄河记忆》等撰写的文稿等加以汇总整理，交付出版。一方面这些文章从某些角度反映了黄河志的编纂过程，留下并提供了一些史料；另一方面首届黄河志编纂的经验也可供下一步续编黄河志或其他编志工作借鉴或参考。因为是十几年间先后陆续写成的文章，各个时期写作背景不一样，因此文章前后有些重复之处，恳请读者谅解。

黄河志是一项持续进行并不断发展的事业。随着习近平总书记视察黄河，主持召开黄河流域生态保护和高质量发展座谈会，并发出"让黄河成为造福人民的幸福河"的伟大号召，黄河流域生态保护和高质量发展已提升为重大国家战略，治黄工作已迈进了新时代，黄河正在发生日新月异的新变化。我期盼着伟大的治黄事业在祖国富强崛起的未来会更辉煌，续修的黄河志也一定更加精彩！

最后对河南人民出版社领导及有关同志的大力支持与帮助表示衷心感谢！

袁仲翔

2021 年 11 月